Der psychologische Vertrag

Praxis der Personalpsychologie
Human Resource Management kompakt
Band 26

Der psychologische Vertrag
von Prof. Dr. Sabine Raeder und Prof. Dr. Gudela Grote

Herausgeber der Reihe:
Prof. Dr. Heinz Schuler, Dr. Rüdiger Hossiep,
Prof. Dr. Martin Kleinmann, Prof. Dr. Werner Sarges

Der psychologische Vertrag

von

Sabine Raeder und Gudela Grote

HOGREFE

GÖTTINGEN · BERN · WIEN · PARIS · OXFORD · PRAG · TORONTO
CAMBRIDGE, MA · AMSTERDAM · KOPENHAGEN · STOCKHOLM

Prof. Dr. Sabine Raeder, geb. 1966. 1985–1992 Studium der Psychologie an der Universität München. 1993–1998 wissenschaftliche Assistentin an der Universität St. Gallen. 2000 Promotion an der Universität Augsburg. 1999-2007 wissenschaftliche Mitarbeiterin und Oberassistentin an der ETH Zürich, 2006 Habilitation an der ETH Zürich. Seit 2008 Associate Professor in Work and Organizational Psychology an der Universität Oslo.

Prof. Dr. Gudela Grote, geb. 1960. 1979–1984 Studium der Psychologie an der Universität Marburg und der TU Berlin. 1987 Promotion am Georgia Institute of Technology, Atlanta. Seit 1988 an der ETH Zürich tätig, ab 1992 als Assistenz- und ab 1997 als außerordentliche Professorin. Seit 2000 ordentliche Professorin für Arbeits- und Organisationspsychologie im Departement Management, Technology, and Economics der ETH Zürich.

Bibliografische Information der Deutschen Nationalbibliothek
Die Deutsche Nationalbibliothek verzeichnet diese Publikation in der Deutschen Nationalbibliografie; detaillierte bibliografische Daten sind im Internet über http://dnb.dnb.de abrufbar.

Göttingen · Bern · Wien · Paris · Oxford · Prag · Toronto
Cambridge, MA · Amsterdam · Kopenhagen · Stockholm
Merkelstraße 3, 37085 Göttingen

http://www.hogrefe.de
Aktuelle Informationen · Weitere Titel zum Thema · Ergänzende Materialien

---

Umschlagbild: © contrastwerkstatt – Fotolia.com
Satz: ARThür Grafik-Design & Kunst, Weimar
Druck: AZ Druck und Datentechnik GmbH, Kempten
Printed in Germany
Auf säurefreiem Papier gedruckt

ISBN 978-3-8017-2009-4

Inhaltsverzeichnis

1 Einführung

Die Beziehung zwischen Mitarbeitenden und Unternehmen, die im Zentrum des vorliegenden Buches steht, hat in den letzten Jahrzehnten vor allem aus der Perspektive sogenannter gebrochener psychologischer Verträge viel Aufmerksamkeit erlangt (Tekleab, Takeuchi & Taylor, 2005; Zhao, Wayne, Glibkowski & Bravo, 2007). Die großen Restrukturierungswellen in vielen der Großunternehmen weltweit haben dazu geführt, dass Annahmen über Sicherheit und Loyalität als wesentliche Bausteine dieser Beziehung ihre Gültigkeit verloren haben (Korsgaard, Sapienza & Schweiger, 2002; Martens & Müller, 1996; Raeder & Grote, 2004). Insbesondere durch die Reaktionen der „Überlebenden" der Umstrukturierungen ist deutlich geworden, dass die Beziehung zwischen Beschäftigten und Unternehmen mehr ist als das legale Beschäftigungsverhältnis und die Führungsbeziehung mit direkten Vorgesetzten (Kets de Vries & Balasz, 1997). Stattdessen entsteht über die Zeit ein Geflecht an tatsächlichem und versprochenem bzw. erhofftem Geben und Nehmen zwischen Arbeitnehmenden und Arbeitgeber, das oftmals weder den Beschäftigten noch den unternehmensseitigen Partnern in dieser Austauschbeziehung – wie Geschäftsleitung, direkte Vorgesetzte oder Personalabteilung – bewusst ist und das entsprechend meist auch nicht systematisch gestaltet wird. Erst der Bruch vermeintlicher Versprechen lässt das Bestehen von Erwartungen und Hoffnungen deutlich werden, dann aber mit möglicherweise sehr negativen und irreparablen Folgen für die Beschäftigungsbeziehung (Turnley & Feldman, 1998). Kernanliegen dieses Buches ist es, diesen Brüchen und ihren Konsequenzen vorzubeugen, indem Beschäftigungsbeziehungen und die darin enthaltenen gegenseitigen Erwartungen und Versprechen von Beginn an, d.h. bereits bei der Rekrutierung, Selektion und Einstellung von Mitarbeitenden, bewusster gestaltet werden (Guest & Conway, 2002; Robinson & Morrison, 2000). Im Folgenden wird ein Überblick über die Merkmale von Beschäftigungsbeziehungen gegeben und insbesondere auf diejenigen Merkmale eingegangen, die als psychologischer Vertrag beschrieben werden, da sie informelle und oftmals auch unausgesprochene Erwartungen und Versprechen enthalten (Rousseau, 1995). Die Bestandteile und Wirkweisen psychologischer Verträge werden nochmals detaillierter im Kapitel 2 diskutiert.

1.1 Formale und informelle Anteile von Beschäftigungsbeziehungen

Arbeitsverträge regeln Beschäftigungsbeziehung

Die Beziehung zwischen Mitarbeitenden und Unternehmen kann rein ökonomisch als Austausch von Arbeit gegen Geld verstanden werden. Diese Austauschbeziehung ist durch einen Arbeitsvertrag juristisch abgesichert, der auch weitere Merkmale der Beziehung definiert wie beispielsweise

Arbeitszeiten, Auswirkungen von Krankheit und Unfall sowie Bedingungen für die Beendigung der Beziehung. Diese juristischen Arbeitsverträge können auch auf individuellen Abmachungen beruhen oder für bestimmte Gruppen von Arbeitnehmenden ausgehandelt werden, letzteres üblicherweise durch gewerkschaftliche Vertretungen dieser Gruppen. Durch Führungsinstrumente wie beispielsweise Zielvereinbarungen, die durch die Unterschrift von Vorgesetzten und Mitarbeitenden einen quasi-legalen Status erlangen, kann die individuelle Austauschbeziehung auch noch weiter spezifiziert werden (in der Forschung auch „i-deals" genannt, z.B. Hornung, Rousseau & Glaser, 2009).

Psychologische Beziehung besteht neben Arbeitsvertrag

Neben der ökonomisch und juristisch definierten Beziehung zwischen Mitarbeitenden und Unternehmen besteht immer auch eine psychologische, auf dem sozialen Austausch beruhende Beziehung. Um die Gestaltung dieser Beziehung im Wechselspiel mit ökonomischen und juristischen Faktoren wird es in diesem Buch gehen. Dabei ist auch zu berücksichtigen, dass juristische Regelungen an Bedeutung verlieren angesichts der durch gesellschaftliche, wirtschaftliche und technische Entwicklungen ausgelösten, zunehmenden Flexibilisierung von Beschäftigungsbeziehungen (Pongratz & Voss, 2003). So gibt es vielfach kein striktes Arbeitszeitregime mehr, Löhne enthalten immer häufiger variable leistungsbezogene Anteile, befristete Verträge mit geringerem Arbeitnehmerschutz nehmen zu und Tätigkeitsfelder und damit Stellenbeschreibungen ändern sich häufiger. Eine viel diskutierte Frage ist, inwieweit durch diese geringere juristische Definition der Beziehung zwischen Mitarbeitenden und Unternehmen eine ausschließlich ökonomisch bestimmte Austauschbeziehung an Bedeutung gewinnt und welche Veränderungen die psychologische und soziale Beziehung dadurch erfährt (McLean Parks, Kidder & Gallagher, 1998). Der derzeitige Erkenntnisstand zu dieser Frage wird im Kapitel 2 behandelt.

Um die in diesem Band im Vordergrund stehende, über juristische und sonstige formale Abmachungen hinausgehende Beziehung zwischen Mitarbeitenden und Unternehmen zu kennzeichnen, wird der Begriff des psychologischen Vertrags verwendet, der im Abschnitt 1.4 noch eingehender erläutert wird.

Arbeitsvertrag und psychologischer Vertrag

In einem *Arbeitsvertrag* werden typischerweise die folgenden Vertragsbedingungen geregelt:
- Vertragsdauer (Beginn und evtl. Ende der Beschäftigung, Befristung),
- Funktion oder Arbeitstätigkeit,
- Entlohnung,
- Arbeitszeit und Urlaub,
- Kündigung,
- Sozialleistungen.

Weitere Punkte können beispielsweise in Mitarbeiterhandbüchern geregelt werden, die vertraglich bindend sind. Zu den Pflichten des Arbeitnehmers gehören Dinge wie die vereinbarte Arbeit zu leisten und sorgfältig auszuführen, Stillschweigen über Geschäftsgeheimnisse zu bewahren und Anweisungen zu befolgen. Zu den Pflichten des Arbeitgebers zählen z. B. die Persönlichkeit des Arbeitnehmers zu schützen und – immer wenn gewünscht – ein Zeugnis zu erteilen.

Der *psychologische Vertrag* besteht aus Verpflichtungen und Erwartungen, die über den Arbeitsvertrag hinausgehen und den Austausch in der Beschäftigungsbeziehung beschreiben. Dieser ist rechtlich nicht einklagbar. Zentrale Fragen des psychologischen Vertrags sind beispielsweise:
- Wie sicher ist die Beschäftigung?
- Wie viel Einsatz und Leistung werden erwartet?
- Wie sehr können die eigenen Kompetenzen weiterentwickelt werden?
- Wie gerecht ist die Entlohnung?
- Wie viel Einsatz über die festgelegte Arbeitszeit hinaus wird erwartet?

1.2 Sozialer Austausch als Basis der Beziehung zwischen Mitarbeitenden und Unternehmen

Anders als im ökonomisch bestimmten Austausch, bei dem die gegenseitigen Verpflichtungen wie auch die Methoden ihrer Einklagbarkeit explizit definiert sind, beinhaltet der soziale Austausch vagere Abmachungen, die erst durch das wachsende Vertrauen in die gegenseitige Bereitschaft, sie auch einzuhalten, gefestigt werden (Coyle-Shapiro & Conway, 2004). Inhalte der Abmachungen können materieller und immaterieller Natur sein, also z. B. neben Übernahme von Weiterbildungskosten oder Möglichkeiten für bezahlte/unbezahlte Auszeiten auch so etwas wie Respekt, Loyalität oder Zuneigung betreffen.

Gegenseitigkeit

Die Gegenseitigkeit der eingegangenen Verpflichtungen kann auf verschiedene Weisen gestärkt werden (Coyle-Shapiro & Conway, 2004). Sie kann durch Abgeltung von Gleichem mit Gleichem erfolgen, also z. B. Hilfeleistung bei einer schwierigen Arbeitsaufgabe. Sie kann aber entsprechend der unterschiedlichen Bedürfnisse der beiden Parteien auch Unterschiedliches betreffen, z. B. Hilfeleistung bei einer schwierigen Aufgabe im Gegenzug für große Anerkennung von Kompetenz. Je bedürftiger die empfangende Partei in der Beziehung ist, mit je mehr Kosten die Einhaltung der Verpflichtung durch die gebende Partei verbunden ist und je weniger Eigeninteresse und äußerer Druck, die Verpflichtung einzuhalten, bei der gebenden Partei vorhanden sind, desto stärker wird die Norm der Gegenseitigkeit wirken und die empfangende Partei umgekehrt ihre eingegangenen Verpflichtungen einhalten. Es wird zusätzlich angenommen, dass die Beziehung gestärkt wird, wenn das Einhalten der eigenen Verpflichtungen nicht sofort geschieht. Je schneller Verpflichtungen gegenseitig umgesetzt werden, desto eher wird die Beziehung als eine ökonomisch und nicht sozial basierte Beziehung wahrgenommen.

Gerechtigkeit im Austausch

Neben der Gegenseitigkeit der Beziehung ist auch die wahrgenommene Gerechtigkeit des Austauschs ein wesentliches Merkmal der Güte der Beziehung. Dabei wird vielfach zwischen vier Aspekten von Gerechtigkeit unterschieden (Colquitt, 2001; Zala-Mezö & Raeder, 2007):

- *Verteilungsgerechtigkeit*, die die Verteilung von materiellen und immateriellen Gütern zwischen den beiden Partnern der Austauschbeziehung, aber auch im Vergleich mit anderen Personen, die nicht Teil der Beziehung sind, betrifft;
- *Verfahrensgerechtigkeit*, die das gewählte Vorgehen bei der Verteilung der Güter betrifft, also z. B. die Kriterien, mit denen die (Un-)Gleichheit der Verteilung begründet wird;
- *Interpersonale Gerechtigkeit*, die den respektvollen Umgang der Entscheidungsträger mit den Betroffenen bezeichnet;
- *Informationale Gerechtigkeit*, die die Kommunikation über Vorgehen und Resultate der Verteilung betrifft, also z. B. die Transparenz der Begründungen für alle Betroffenen.

Vertragsparteien

Eine insbesondere hinsichtlich der Beziehung zwischen Mitarbeitenden und Unternehmen zentrale Frage ist, wer genau die beiden Parteien sind, die sich im Austausch befinden. Auf der einen Seite ist dies sicher der einzelne Mitarbeitende, auf der Unternehmensseite kann dies aber der oder die direkte Vorgesetzte, die Personalabteilung, die Gesamtheit der Kollegen, das Top-Management etc. oder eine Mischung aus all diesen Personen und Institutionen sein (Tekleab & Taylor, 2003). Dies ist eine wesentliche Problematik, die in den Kapiteln 2 bis 4 wieder aufgegriffen wird.

1.3 Wandel der Beziehung zwischen Mitarbeitenden und Unternehmen durch Arbeitsflexibilisierung

Arbeitsverträge

Ein häufig angestellter Vergleich, um Arbeitsverträge noch genauer zu charakterisieren, ist der zwischen Arbeitsverträgen und Kaufverträgen (Folger, 2004; Macneil, 1978). Bei einem Kaufvertrag wird möglichst eindeutig zwischen zwei unabhängigen und gleichberechtigten Partnern bestimmt, was Leistung und Gegenleistung in einer einmaligen Austauschbeziehung sind, die nur zum Zeitpunkt des Kaufs (einschließlich gegebenenfalls einer Garantie- oder Wartungsperiode) existiert und danach automatisch aufgelöst wird. Bei einem unbefristeten Arbeitsvertrag wird eine Beziehung auf unbestimmte Dauer eingegangen, wobei der eine Partner, d.h. der Mitarbeiter oder die Mitarbeiterin, durch Eintritt in den Vertrag dem anderen Partner, d.h. dem Unternehmen, mehr Autorität in der Definition der Beziehung zubilligt, als er selbst erhält. Wie Unternehmen bzw. dessen Vertreter mit diesem Ungleichgewicht im Laufe einer möglicherweise langjährigen und vielen äußeren und inneren Veränderungen unterworfenen Beziehung umgehen, bestimmt wesentlich die Qualität der Beziehung und die Bereitschaft der Mitarbeitenden, weiterhin die Autorität des Unternehmens zu akzeptieren.

Arbeitsflexibilisierung

Je größer das Ausmaß der Veränderungen ist, und je weniger Kontrolle die Mitarbeitenden über diese Veränderungen haben, desto mehr wird diese Bereitschaft, die Autorität des Managements zu akzeptieren, strapaziert. Dies genau passiert in vielen Unternehmen im Rahmen einer steigenden Flexibilisierung der Beschäftigungsbeziehungen, auf die Unternehmen mit unterschiedlichen Maßnahmen reagieren können (vgl. Kasten). Die Flexibilisierung kann zudem verschiedene Aspekte der Beschäftigung betreffen (Reilly, 1998):

- zeitlich: z.B. Teilzeitarbeit, Gleitzeit, Jahresarbeitszeit
- funktional: z.B. Aufgabenerweiterung, Weiterbildung
- räumlich: z.B. Telearbeit, mobile Arbeit, desk sharing
- numerisch: z.B. Zeitverträge, Saisonarbeit, Outsourcing
- finanziell: z.B. Leistungslohn, Profit Center, Cost Center.

Ergebnisse aus einer Untersuchung zu den Folgen verschiedener Flexibilisierungsformen auf die Beschäftigungsbeziehung
(Raeder & Grote, 2001)

Unternehmenstyp 1: Konservative Veränderung der Beschäftigungsbeziehung

In drei Unternehmen, die durch eine günstige Marktsituation gekennzeichnet waren, wurde wenig Flexibilisierung beobachtet. Ein gezielt geförderter interner Arbeitsmarkt sollte gewährleisten, dass Personen mit den gesuchten Kompetenzen im Unternehmen bleiben. Die Bewegungen auf diesem internen Arbeitsmarkt folgten jedoch keiner klaren Aufstiegslogik, sondern geschahen zunehmend horizontal auch über Bereichs- und Divisionsgrenzen hinweg. Von den Mitarbeitenden wurde erwartet, dass sie Eigenverantwortung für ihre persönliche Entwicklung übernehmen. Loyalität und Identifikation waren zwar als Werte der wechselseitigen Beziehung weniger wichtig geworden, aber immer noch vorhanden.

Unternehmenstyp 2: Moderate Veränderung der Beschäftigungsbeziehung

In sechs der untersuchten Unternehmen war ein breiteres Spektrum an Flexibilisierung vorhanden, das besonders zeitliche, funktionale und finanzielle Aspekte der Beschäftigungsbeziehung betraf. Die Beziehungen in diesen Unternehmen waren durch verminderte Loyalität und Identifikation gekennzeichnet und wurden zunehmend durch ökonomisch-monetäre Gegenleistungen bestimmt. Über langfristige Beschäftigung und Firmenzugehörigkeit entschieden Fähigkeiten, Leistungsorientierung und Flexibilität. Während diese früher für den Aufstieg im Unternehmen notwendig gewesen waren, waren sie nun bereits für eine qualifikationsangemessene Beschäftigung entscheidend.

Unternehmenstyp 3: Drastische Veränderung der Beschäftigungsbeziehung

In drei Unternehmen, zwei davon aus dem Bereich Informations- und Kommunikationstechnologie und eines aus der Maschinenindustrie, wurde eine starke Veränderung der Beschäftigungsbeziehung in Verbindung mit massivem Personalabbau festgestellt. Entgegen vorheriger Unternehmenstradition boten diese Unternehmen Arbeitsplatzsicherheit allenfalls nur noch für eine Kernbelegschaft. Vom Management wurde versucht, den aufgekündigten alten psychologischen Vertrag gezielt durch einen neuen zu ersetzen. Dies erfolgte beispielsweise durch eine partizipative Ausgestaltung der entstehenden, neuen Arbeitsbedingungen. Maßnahmen wie beschäftigungswirksame Teilzeitarbeit trugen dazu bei, das Vertrauen zwischen den Vertragsparteien trotz der drastischen Veränderungen zu erhalten.

Flexibilisierung bedeutet immer eine größere Unsicherheit in der Definition der Beschäftigungsbeziehung für die Mitarbeitenden:
- Wie viele Überstunden werden erwartet und wie viel „Unterzeit“ ist tragbar?
- Muss jeder auch zu Hause und am Wochenende erreichbar sein?
- Wie hoch sind die Chancen einer Vertragsverlängerung bei befristeten Verträgen?
- Wie hoch wird die Bezahlung im nächsten Monat oder Jahr sein?

Bedingt durch Prozesse der Arbeitsflexibilisierung ist der Austausch zwischen Unternehmen und Mitarbeitenden auch in den Medien diskutiert worden (z.B. Martens & Müller, 1996). Vielfach ging es dabei um den Verlust von Arbeitsplatzsicherheit und die Forderung nach eigenverantwortlicher Erhaltung der Arbeitsmarktfähigkeit und der Integration in den Arbeitsmarkt. Trotz abnehmender Loyalität vonseiten des Unternehmens wird von den Mitarbeitenden stärkere Leistungsorientierung gefordert. Für die Unternehmen stehen dabei Effizienz und Kosten im Vordergrund; für die Beschäftigungsbeziehung bedeutet dies jedoch einen tief greifenden Wandel der in den letzten Jahrzehnten etablierten Sicherheit. Waren es zunächst nur Unternehmen in krisenanfälligen Branchen, die eine Veränderung der Beschäftigungsbeziehung kommunizierten, kamen mehr und mehr Unternehmen hinzu, deren Anstellungsverträge bisher als lebenslang sicher galten. Dazu gehören beispielsweise die Deutsche Bank (Martens & Müller, 1996), Siemens (Pierer, 1999) oder die UBS (Lüdi & Lomot, 1999).

Dieser Gedanke des tief greifenden Wandels der Beschäftigungsbeziehung von Arbeitsplatzsicherheit zu Arbeitsmarktfähigkeit wurde auch im Personalmanagement aufgenommen (z. B. Lombriser & Uepping, 2001). Dadurch wurde in den letzten Jahren auch vermehrt das Konzept des psychologischen Vertrags in deutschsprachige Lehrbücher zum Human Resource Management integriert (z. B. Werkmann-Karcher & Rietiker, 2010). So findet ein zunächst nur im englischen Sprachraum verbreitetes Konzept nach und nach Eingang in die europäische Personalpraxis.

Umgang mit Unsicherheit

Auch für das Unternehmen wächst die Unsicherheit. Insbesondere kann die Bereitschaft der Mitarbeitenden, angesichts der abnehmenden Dauer und Verbindlichkeit von Beschäftigungsbeziehungen weiterhin in die Beziehung zu investieren, abnehmen. Sie übernehmen möglicherweise seltener Aufgaben und Verantwortung, die über das formal geforderte Maß hinausgehen, und engagieren sich nicht mehr für den sozialen Zusammenhalt im Unternehmen (Coyle-Shapiro, 2002).

Gleichzeitig verfügt das Unternehmen als der mächtigere Partner in der Beschäftigungsbeziehung aber über mehr Möglichkeiten, mit den Unsicherheiten umzugehen. Ob es dies auf eine Weise tut, die die Unsicherheiten für die Mitarbeitenden erhöht oder senkt bzw. erträglicher oder bedrohlicher werden lässt, bestimmt wesentlich die Qualität der Beziehung. Im Brennpunkt steht dabei die Sicherheit bzw. Unsicherheit der Arbeitsstelle und damit der Beschäftigungsbeziehung als solcher. Aber auch die (Un-) Sicherheit bzgl. Quantität und Qualität der geforderten Arbeitsleistung, bzgl. der geforderten persönlichen Kompetenzen und Qualifikationen oder bzgl. der geforderten Mobilität sind wichtige Bereiche, in denen das Unternehmen positiv oder negativ auf die Beziehung einwirken kann.

Arbeitsplatzunsicherheit

In einer Repräsentativerhebung bei Beschäftigten in der Schweiz (Grote & Staffelbach, 2011) zeigte sich beispielsweise, dass knapp 30 % der Befragten teilweise oder stark um ihren Arbeitsplatz fürchteten. Zwischen 50 % und 70 % der Beschäftigten hatte Sorge, dass sich bestimmte Aspekte ihrer Arbeitstätigkeit verschlechtern könnten (Zunahme an Belastung, Abnahme an Einflussmöglichkeiten, geringere Karrierechancen). Interessanterweise hatte die Befürchtung, dass sich die Arbeitstätigkeit negativ entwickeln könnte, einen größeren negativen Einfluss auf die Qualität der erlebten Beschäftigungsbeziehung und auf das Vertrauen in Vorgesetzte und den Arbeitgeber als die Furcht, die Arbeitsstelle zu verlieren. Wie stark umgekehrt die Erwartung eines sicheren Beschäftigungsverhältnisses bei vielen Beschäftigten verankert ist, zeigte Hauff (2007) in einer Stichprobe von 3.000 deutschen Arbeitnehmenden. Unternehmen und Vorgesetzte sollten daher möglichst viel in einen angemessenen Umgang mit Unsicherheit investieren, was Reduktion von Unsicherheiten durch klare Zusagen oder zumindest transparente Kommunikation bzgl. möglicher Veränderungen beinhalten sollte.

1.4 Der psychologische Vertrag als Kern der Beziehung zwischen Mitarbeitenden und Unternehmen

Das Konzept des psychologischen Vertrags ist vor allem durch die Arbeiten von Denise Rousseau (1989) in den 1990er Jahren bekannt geworden, obwohl es bereits viel früher z. B. bei Schein (1970) und Kotter (1973) besprochen wurde. Die Kernidee ist, dass auch durch teilweise unausgesprochene, und vielleicht den Beteiligten nicht einmal ganz bewusste, gegenseitig geweckte Erwartungen eine mit einem Vertrag vergleichbare, sozial einklagbare Verpflichtung entstehen kann.

Definition Psychologischer Vertrag

Das Konzept des psychologischen Vertrags bezieht sich auf wechselseitige Erwartungen und Angebote von Mitarbeitenden und Unternehmen, die über die im formalen, juristischen Vertrag formulierten gegenseitigen Verpflichtungen hinausgehen (Grote & Staffelbach, 2010).

Über den Arbeitsvertrag hinausgehende Erwartungen

Die mehr oder minder impliziten Angebote und Erwartungen im psychologischen Vertrag können sich auf mündliche Absprachen oder Ankündigungen beziehen, können aber auch aus organisationsspezifischen Ereignissen und dem Verhalten von Vorgesetzten und Mitarbeitenden abgeleitet werden. So kann ein Mitarbeiter erwarten, dass sein zeitlich begrenzter juristischer Arbeitsvertrag auf jeden Fall verlängert wird, da er dies bei ebenfalls befristet angestellten Kollegen wiederholt erlebt hat. Umgekehrt kann von Vorgesetztenseite beispielsweise ein Arbeitseinsatz weit über die vertraglich vereinbarte Arbeitszeit erwartet werden. Für die Entwicklung des psychologischen Vertrags als Basis der Beziehung zwischen Mitarbeitenden und Unternehmen sind insbesondere die während der Einstellung und dem ersten Einleben in das Unternehmen gemachten Erfahrungen wichtig (De Vos, Buyens & Schalk, 2003).

Juristischer und psychologischer Vertrag bestimmen gemeinsam, wie die Beziehung zwischen Mitarbeitenden und Unternehmen erlebt wird und welche spezifischen Erwartungen und Angebote Teil des sozialen Austauschs sind (vgl. Abbildung 1). Allerdings kann der psychologische Vertrag auch so stark werden, dass juristische Festlegungen in den Hintergrund treten, wie im oben beschriebenen Beispiel der erwarteten Verlängerung eines befristeten Arbeitsverhältnisses.

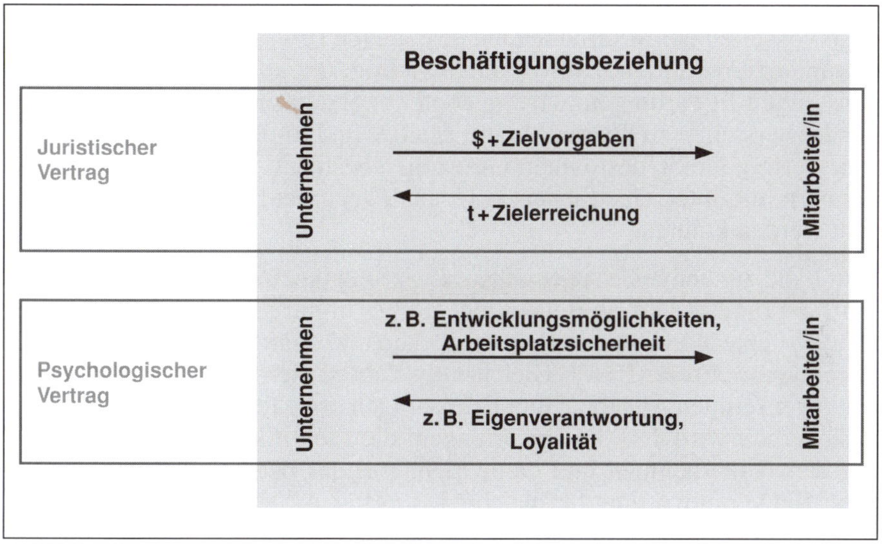

Abbildung 1:
Zusammenwirken von juristischem und psychologischem Vertrag

Unsicherheit reduzieren

Allgemein dienen Verträge dazu, für beide Vertragspartner Verlässlichkeit bezüglich bestimmter gegenseitiger Leistungen herzustellen und Unsicherheiten zu reduzieren (Folger, 2004). Inwieweit psychologische Verträge in diesem Sinne tragfähig sind, hängt davon ab, wie gut die gegenseitigen Erwartungen und Angebote übereinstimmen und als wie gerecht die durch den Vertrag definierte Austauschbeziehung erlebt wird. Dies wird umso eher der Fall sein, je expliziter zwischen den Vertragspartnern kommuniziert wird.

Unternehmensseitiger psychologischer Vertrag

Dabei wird aber wiederum die schon erwähnte Schwierigkeit deutlich zu definieren, wer der unternehmensseitige Vertragspartner ist. Bezüglich des juristischen Arbeitsvertrags tritt das Unternehmen den Mitarbeitenden als juristische Person gegenüber. Im Hinblick auf die im psychologischen Vertrag enthaltenen Erwartungen und Angebote tritt das Unternehmen aber in vielfältiger personalisierter Gestalt auf. Aussagen und Verhalten der Unternehmensleitung und der Personalverantwortlichen, aber auch von Kollegen sind hierbei relevant. Von größter Bedeutung sind aber die direkten Vorgesetzten und die Beziehung zwischen Vorgesetzten und Mitarbeitenden.

Je übereinstimmender die verschiedenen Stimmen im Unternehmen sind, desto eher werden auf Seiten der Mitarbeitenden klare Vorstellungen über unternehmensseitige Angebote und Erwartungen entstehen. Je klarer außerdem definiert ist, wer der unternehmensseitige Ansprech- und „psychologische Vertragspartner" für die Mitarbeitenden ist, desto eher können auch vonseiten der Mitarbeitenden bestehende Erwartungen und Angebote kommuniziert werden. Dies ist auch wichtig, um auf Änderungen der gegenseitigen Erwartungen und Angebote reagieren und die Passung immer wieder herstellen zu können. Je informeller und impliziter der psychologische Vertrag bleibt, desto mehr Grauzonen bestehen, die von den Vertragspartnern mit unterschiedlichen, u. U. auch gegenläufigen Erwartungen gefüllt werden können.

Neue psychologische Verträge

Durch die zunehmende Arbeitsflexibilisierung gewinnt der psychologische Vertrag grundsätzlich an Bedeutung, weil er im juristischen Vertrag entstehende Lücken und Grauzonen überbrücken und damit Unsicherheiten reduzieren kann (Grote, 2007). Gleichzeitig ändern sich aber auch die Inhalte der gegenseitigen Angebote und Erwartungen (vgl. Tabelle 1): Arbeitsplatzunsicherheit wird Teil der Erwartungen, die Identifikation erfolgt weniger mit dem Unternehmen und dafür mehr mit der persönlichen Arbeitsaufgabe, die Verantwortung für die eigene Laufbahn verschiebt sich zum Individuum. Allgemein wird die wachsende Eigenverantwortung der Arbeitnehmenden, die zunehmende Verhandelbarkeit sowie Kurzfristigkeit der Verträge und die stärkere Gewichtung ökonomischer im Vergleich zu beziehungsbezogenen Aspekten betont (Becke, 2008; Kirpal & Biele Mefebue, 2007; Lo & Aryee, 2003; Turnley & Feldman, 1998).

Tabelle 1:
Veränderte Inhalte in psychologischen Verträgen mit zunehmender Arbeitsflexibilisierung (Raeder & Grote, 2001)

Traditioneller Vertrag	Neuer Vertrag
Arbeitsplatzsicherheit/ lebenslange Beschäftigung	Akzeptanz von Unsicherheit/ Eigenverantwortung für Beschäftigung
Interner Aufstieg	Interne Entwicklungsmöglichkeiten
Spezialisierung	Ziel-/Leistungsorientierung
Gegenseitige Loyalität/Identifikation	Eigenverantwortung für Arbeitsmarktfähigkeit/Orientierung an eigenen Fähigkeiten

1.5 Nutzen des psychologischen Vertrags als Instrument des Personalmanagements

Viele Untersuchungen deuten darauf hin, dass sich psychologische Verträge verändert haben und oftmals durch stark divergierende gegenseitige Erwartungen und Angebote die soziale Austauschbeziehung zwischen Mitarbeitenden und Unternehmen gefährdet ist (vgl. Kapitel 2). Folgen davon sind reduziertes Engagement der Mitarbeitenden für das Unternehmen, Angst und Unsicherheit, die Kreativität und Initiative lähmen, sowie Kündigungsabsichten, die realisiert werden, sobald der Arbeitsmarkt wieder Alternativen bietet. In vielen Unternehmen besteht eindeutig Handlungsbedarf. Dabei kann zunächst sehr grundsätzlich gefragt werden, ob die von den Unternehmen zunehmend geforderte Akzeptanz von Unsicherheit bzw. das abnehmende Angebot von Arbeitsplatzsicherheit wirklich so unvermeidlich sind, wie es vielfach dargestellt wird. Immerhin fand Pfeffer (1998), dass sich langfristig erfolgreiche Firmen auch heute noch durch einen hohen Grad an Arbeitsplatzsicherheit, allerdings in Kombination mit einer sehr selektiven Personalrekrutierung und -anstellung, auszeichnen. In unseren eigenen Untersuchungen ist uns insbesondere ein Unternehmen begegnet, das genau in dieser Weise funktioniert und das als Softwareentwicklungsbetrieb den sehr schlechten Marktbedingungen bisher ohne Entlassungen hat trotzen können (Grote & Raeder, 2003). Kern seiner Anstellungspolitik sind aber eben auch wie in den von Pfeffer untersuchten Firmen höchste Ansprüche an die Kompetenz der Mitarbeitenden. Weniger kompetente Mitarbeitende würden also auch hier auf der Strecke bleiben.

Eine systematische Analyse und Gestaltung des psychologischen Vertrags bringt sowohl den Beschäftigten als auch dem Unternehmen eine Reihe wichtiger Vorteile. Die wachsende Unsicherheit in den Beschäftigungsbeziehungen kann damit aufgefangen oder zumindest der Umgang damit erleichtert werden. Die offene Kommunikation über gegenseitige Erwartungen und auch darüber, ob diesen Erwartungen tatsächlich entsprochen werden kann, ermöglicht, übersteigerten Hoffnungen und Ansprüchen frühzeitig entgegenzuwirken. Dies wird in den folgenden Abschnitten weiter ausgeführt. Schließlich, wie im letzten Abschnitt detaillierter gezeigt werden wird, ist empirisch belegt, dass die gute Gestaltung des psychologischen Vertrags für die Verbundenheit mit dem Unternehmen und die persönliche Arbeitszufriedenheit von zentraler Bedeutung ist.

1.5.1 Umgang mit Unsicherheit

Es ist unbestritten, dass allgemeine Veränderungen der wirtschaftlichen und gesellschaftlichen Situation zu einer Zunahme von Unsicherheiten geführt haben (Pongratz & Voss, 2003). Frühere Sicherheiten in der persönlichen Lebensführung wie auch in der Beschäftigungssituation gelten nicht mehr. Inwieweit dies Chance und/oder Gefahr ist, wird sehr unterschiedlich beurteilt. Zentral ist dabei, mit welchen persönlichen Ressourcen ein einzelner Mensch diesen Veränderungen begegnen und sie für sich selbst nutzbar machen kann. Eine bewusste Ausgestaltung des psychologischen Vertrags kann Unsicherheiten reduzieren bzw. die Unsicherheiten so verteilen, dass die Betroffenen sie mit ihren je eigenen Ressourcen bewältigen können.

Arbeitsmarktfähigkeit

Arbeitsmarktfähigkeit wird als neues Element in den psychologischen Verträgen zwischen Unternehmen und Mitarbeitenden hervorgehoben (vgl. Lombriser & Uepping, 2001; Raeder & Grote, 2001). Es scheint, dass zumindest für einen Teil von Beschäftigten dies auch den eigenen Wünschen nach Flexibilität und Weiterentwicklung entspricht, wobei dies vielfach gerade die Mitarbeitenden sind, von denen sich das Unternehmen weiterhin hohe Loyalität erhofft. Arbeitsmarktfähigkeit kann aber auch zu einer Leerformel verkommen, die den Mitarbeitenden keine neuen Sicherheiten bietet, sondern zunehmende und diffuse Anforderungen an ihre Eigenverantwortung stellt. In vielen Untersuchungen hat sich gezeigt, dass die erlebte Arbeitsmarktfähigkeit vor allem mit dem Alter korreliert, d. h. je älter die Beschäftigten sind, desto weniger arbeitsmarktfähig erleben sie sich (Wittekind, Raeder & Grote, 2010). Angesichts der Personalentwicklungspolitik in vielen Unternehmen, in denen die Obergrenze für Entwicklungsmaßnahmen bei 45 Jahren gesetzt wird, erstaunt dieses Ergebnis nicht.

Arbeitsmarktfähigkeit ist dann ein tragfähiges Substitut für Arbeitsplatzsicherheit, wenn gezielte Weiterbildungsangebote im Hinblick auf den unternehmensinternen *und* den externen Arbeitsmarkt gemacht werden – z. B. aufgrund von Prognosen der Geschäftsentwicklung. Wenn solche Prognosen offen an die Mitarbeitenden kommuniziert und gemeinsam mit ihnen individuelle Entwicklungspläne entworfen werden, kann darin tatsächlich die Basis für einen neuen psychologischen Vertrag gesehen werden. Dies kann die Flexibilität des Unternehmens erhöhen, ohne die Bindung zwischen Mitarbeitenden und Unternehmen zu gefährden, denn anstelle der alten – statischen – Sicherheit eines bestimmten Arbeitsplatzes tritt eine neue – dynamischere – Sicherheit, die auf Optionen beruflicher Laufbahnen beruht.

1.5.2 Offene Kommunikation von Erwartungen und Angeboten

Wesentliche Voraussetzung für die systematische Gestaltung psychologischer Verträge ist eine offene Kommunikation zwischen Vorgesetzten und Mitarbeitenden über unternehmensinterne und externe Weiterentwicklungs- und Beschäftigungsmöglichkeiten. Dies kann aber in direktem Konflikt mit kurzfristigen Interessen der Vorgesetzten stehen. Sagt eine Vorgesetzte beispielsweise ihrem Mitarbeiter, dass es ein sehr gutes internes oder externes Stellenangebot für ihn gibt, selbst wenn sie ihn gerne noch ein Jahr für ein laufendes Projekt behalten würde? Gerade durch solche Offenheit kann aber paradoxerweise eine tragfähigere Beziehung entstehen.

Neuausrichtung des psychologischen Vertrags

Generell sollte die Perspektive des psychologischen Vertrags genutzt werden, um die Beziehung zwischen Mitarbeitenden und Unternehmen sehr bewusst anzusprechen und zu gestalten, sowohl von Mitarbeiterseite aus als auch von den unternehmensseitigen Vertragspartnern. Damit kann inkongruenten Erwartungen und Angeboten vorgebeugt werden und auch gemeinsam eine Neuausrichtung des psychologischen Vertrags ohne Verlust seiner Tragfähigkeit bewirkt werden. Notwendigkeiten für eine solche Neuausrichtung entstehen aufgrund sich verändernder Bedingungen im Unternehmen sowie im wirtschaftlichen und gesellschaftlichen Umfeld, aber auch aufseiten der Mitarbeitenden. Dies heißt nicht, dass notwendigerweise immer optimale Bedingungen für alle Mitarbeitenden geschaffen werden, aber dass Möglichkeiten und Grenzen für jeden Einzelnen bekannt sind und gezielt auch in die individuelle Berufs- und Lebensplanung einbezogen werden können.

1.5.3 Der psychologische Vertrag im Zentrum des Personalmanagements

Die zentrale Rolle des psychologischen Vertrags im Personalmanagement ist durch viele Untersuchungen belegt, die im Kapitel 2 ausführlich beschrieben werden. An dieser Stelle soll nur eine Untersuchungsreihe erwähnt werden, die die Wichtigkeit des psychologischen Vertrags durch die wiederholte Bestätigung der statistischen Zusammenhänge besonders eindrücklich belegt.

Repräsentativbefragung Schweiz

In einer während fünf Jahren jährlich durchgeführten Repräsentativbefragung bei Beschäftigten in der Schweiz (Grote & Staffelbach, 2006, 2007, 2008, 2009, 2010) konnte gezeigt werden, dass die drei in jedem Jahr erfassten Personalmanagement-Praktiken (Arbeitsgestaltung, Leistungsbeurteilung, Partizipation) immer direkt, aber auch vermittelt über den psychologischen Vertrag auf Arbeitszufriedenheit und Commitment wirken (vgl. Abbildung 2). Auf das Ausmaß der Kündigungsabsichten wirken sie sogar immer nur vermittelt über den psychologischen Vertrag. Je erfüllter dieser aus Sicht der Beschäftigten ist, desto geringer ist die Kündigungsabsicht. Einzig auf die erlebte Arbeitsplatzunsicherheit hat der psychologische Vertrag keinen Einfluss. Hier wirkt nur das Ausmaß der Partizipation, was ein in sich sehr wichtiges Ergebnis ist, das die Erkenntnisse aus der Forschung zu Prozessen der Organisationsentwicklung bestätigt (Boonstra & Bennebroek Gravenhorst, 1998).

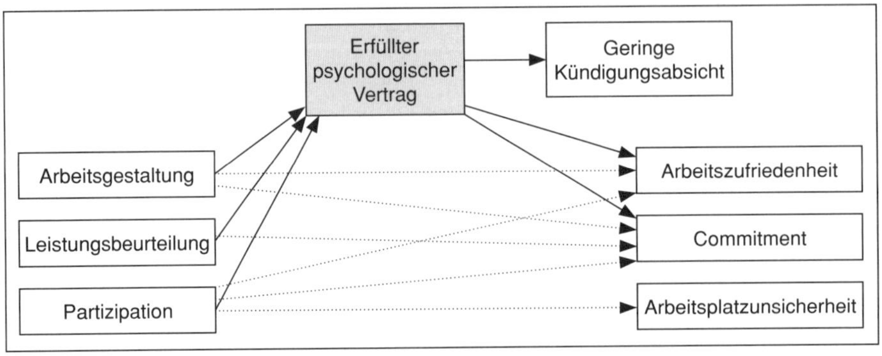

Abbildung 2:
Die zentrale Rolle des psychologischen Vertrags im Personalmanagement
(in Anlehnung an Grote & Staffelbach, 2010)

2 Modelle, Konzepte und Theorien

Eine Vielzahl von Forschungsarbeiten zeigt, dass erfüllte psychologische Verträge förderlich sind, beispielsweise für die Leistung, die Arbeitszufriedenheit und das Commitment von Mitarbeitenden. Dies ist ein zentrales Argument dafür, die Beschäftigungsbeziehung in Unternehmen bewusst zu gestalten. Dieses Kapitel führt die wichtigsten wissenschaftlichen Grundlagen zum psychologischen Vertrag aus, um zu zeigen, in welchem Kontext sich psychologische Verträge wie entwickeln und welche Konsequenzen daraus entstehen. Aufbauend auf den am häufigsten verwendeten Definitionen des Konzepts werden Forschungsergebnisse zu Kontextfaktoren und Folgen des psychologischen Vertrags berichtet. Diese Forschungsergebnisse dienen in einem weiteren Schritt dazu, auf Ansatzpunkte für die Gestaltung der Beschäftigungsbeziehung im Arbeitsalltag aufmerksam zu machen.

2.1 Inhalt und Struktur des psychologischen Vertrags

Die Wurzeln des Konzepts des psychologischen Vertrags reichen in die Organisationsliteratur der 1930er Jahre zurück (vgl. Roehling, 1997). Zunächst wurde der psychologische Vertrag als Erwartungen umschrieben, die zwischen Arbeitgeber und Arbeitnehmer bestehen und die idealerweise übereinstimmen (z. B. Kotter, 1973). Erst in den 1990er Jahren setzte sich mit der zunehmend intensiveren Forschung eine Definition des psychologischen Vertrags durch, die diesen als Verpflichtungen oder Versprechen versteht, die vor allem der Arbeitgeber gegenüber den Arbeitnehmenden eingeht (Rousseau, 1989). Das Forschungsinteresse liegt zum einen darin, Inhalte psychologischer Verträge zu systematisieren, und zum anderen die Qualität psychologischer Verträge zu messen. So werden Inhalte des psychologischen Vertrags erkundet und strukturelle Unterschiede zwischen psychologischen Verträgen begründet. Die Qualität des psychologischen Vertrags wird in der Regel dadurch bestimmt, ob Verpflichtungen erfüllt und Versprechen eingehalten werden. Ist dies nicht gegeben, spricht man von einem Bruch oder einer Verletzung psychologischer Verträge (Robinson & Morrison, 2000).

2.1.1 Erwartungen und Angebote

Erwartungen von Arbeitgeber und Arbeitnehmer

Frühe Definitionen umschreiben den psychologischen Vertrag als Erwartungen, die zwischen Arbeitgeber und Arbeitnehmer bestehen (z. B. Kotter, 1973; Levinson, Price, Munden, Mandl & Solley, 1962; Schein, 1970). Zu den Erwartungen der Arbeitnehmenden zählen normative, ökonomische und kulturell bedingte Erwartungen sowie Erwartungen, die an die Rolle im Arbeitsprozess, das soziale System oder die Arbeitssituation geknüpft sind. Parallel dazu existieren Erwartungen der Organisation oder des Arbeitgebers. Der psychologische Vertrag wird dadurch umgesetzt, dass beide Parteien in einem gegenseitigen Austauschprozess stehen und die an sie gestellten Erwartungen nach Möglichkeit erfüllen.

„Der psychologische oder ungeschriebene Vertrag ist ein Produkt gegenseitiger Erwartungen. Diese sind folgendermaßen charakterisiert: (a) Sie sind weitgehend implizit und unausgesprochen, und (b) sie gehen häufig der Beziehung von Person und Firma voraus. Während viele Merkmale der Arbeit als wichtig genannt wurden und als rechtmäßig betrachtet wurden – angemessene Bezahlung, faire Führung, Arbeitsplatzsicherheit und so weiter –, wurden viele andere Erwartungen nur indirekt offen gelegt durch die Art, in der die Mitarbeitenden die Firma oder ihre Kollegen beschrieben, wie sie sich in ihrer Arbeit verhielten, wie sie über Veränderungen redeten, die über die Jahre passiert waren“ (Levinson et al., 1962, S. 22, Übers. v. Verf.).

„… der psychologische Vertrag ist ein impliziter Vertrag zwischen einem Individuum und der Organisation, der für diese Beziehung festlegt, was jeder voneinander zu geben und zu erhalten erwartet. … Diese vier Größen von Erwartungen und die Übereinstimmungen und Nicht-Übereinstimmungen machen den ‚psychologischen Vertrag‘ aus“ (Kotter, 1973, S. 92, Übers. v. Verf.).

Übereinstimmung der Perspektiven

Klar formulierte Erwartungen tragen zu einem höheren Grad an Übereinstimmung zwischen den Sichtweisen von Mitarbeitenden und Arbeitgeber über die Inhalte ihres psychologischen Vertrags bei (Kotter, 1973). Offene Diskussionen erlauben ein besseres Verständnis der gegenseitigen Erwartungen und ermöglichen ebenfalls eine höhere Übereinstimmung, die positiv für die Arbeitszufriedenheit, die Produktivität der Mitarbeitenden und die Absicht im Unternehmen zu bleiben ist.

2.1.2 Verpflichtungen und Versprechen

Von Mitarbeitenden wahrgenommene Verpflichtungen

Das Konzept des psychologischen Vertrags etablierte sich erst in der Forschung, nachdem sich Rousseau (1989) intensiv dafür eingesetzt hatte (Roehling, 1997). Während frühere Definitionen bewusst die Gegenseitigkeit im Austausch zwischen Arbeitgebenden und Arbeitnehmenden berücksichtigten, schränkt die Definition Rousseaus den psychologischen Vertrag auf individuell, vom Mitarbeitenden wahrgenommene Versprechen und Verpflichtungen ein.

> „Der Begriff psychologischer Vertrag bezeichnet die Annahmen einer Person zu den Bedingungen einer gegenseitigen Austauschvereinbarung mit einer anderen Partei. Zentral ist dabei, dass ein Versprechen gegeben und im Austausch dafür eine Gegenleistung geboten wurde, die beide Parteien an gegenseitige Verpflichtungen bindet. … psychologische Verträge sind äußerst subjektiv und die Sichtweisen der betroffenen Parteien müssen nicht übereinstimmen …“ (Rousseau, 1989, S. 123 f., Übers. v. Verf.).

2.1.3 Vertragsbruch, Vertragsverletzung und Vertragserfüllung

Qualität psychologischer Verträge

Die Qualität psychologischer Verträge wird in der Regel als Vertragsbruch, Vertragsverletzung oder Vertragserfüllung erfasst. Bei einem Vertragsbruch werden wahrgenommene Versprechen oder Verpflichtungen nicht eingehalten. Die Vertragsverletzung bezeichnet die anschließende emotionale Reaktion (z. B. Robinson & Morrison, 2000). Ein Vertragsbruch kann dadurch zustande kommen, dass Mitarbeitende zunächst die versprochenen und erfüllten Verpflichtungen des Unternehmens mit dem eigenen versprochenen und erfüllten Einsatz vergleichen und dann das Ergebnis dieses Vergleichs beurteilen. Liegen die unternehmensseitigen Verpflichtungen und deren Erfüllung unter den eigenen, dann wurde der Vertrag gebrochen (Morrison & Robinson, 1997).

Fazit

Zusammenfassend lässt sich festhalten, dass der psychologische Vertrag Versprechungen umfasst, die die beiden Vertragspartner – Mitarbeitende und Arbeitgeber – gegenseitig geleistet haben, und Verpflichtungen, die die beiden Vertragspartner eingegangen sind. Versprechen und Verpflichtungen können entweder explizit besprochen oder in Form von legitimen Ansprüchen aus Ereignissen und Beobachtungen in der Organisation abgeleitet werden. Erwartungen gehören zum psychologischen Vertrag, sofern sie aus dem Arbeitsverhältnis abgeleitet wurden und sich nicht auf frühere Erfahrungen in anderen Arbeitsverhältnissen beziehen.

2.1.4 Inhaltsdimensionen

Relationale und transaktionale Vertragsinhalte

Die am häufigsten verwendete inhaltliche Differenzierung geht von zwei Dimensionen aus: relationale und transaktionale Vertragsinhalte (Rousseau, 1989, 1995). Relationale psychologische Verträge zeichnen sich durch eine hohe Verbundenheit mit der Organisation, Identifikation, Stabilität und langfristige Beschäftigung aus. Transaktionale psychologische Verträge werden durch ein geringes Maß an Verbundenheit, Identifikation, Ambiguitätstoleranz und Lernmöglichkeiten sowie kurzfristige Beschäftigung beschrieben (vgl. Tabelle 2). Positionen oder Anstellungsverhältnisse lassen sich nach relationalen und transaktionalen psychologischen Verträgen unterscheiden. Beispielsweise ist der psychologische Vertrag von Fachkräften stärker transaktional und weniger relational ausgerichtet, während Beschäftigte mit Führungs- und Expertenfunktionen eher relationale als transaktionale Inhalte betonen (Millward & Hopkins, 1998).

Tabelle 2:
Relationale und transaktionale Vertragsinhalte (Beispiele aus Coyle-Shapiro & Kessler, 2000; Millward & Hopkins, 1998)

Relationale Vertragsinhalte	Transaktionale Vertragsinhalte
Arbeitsplatzsicherheit	Kurzfristige Beschäftigungsbeziehung
Ausbildung	Arbeitszeit wie durch den Anstellungsvertrag vorgegeben
Entwicklungsmöglichkeiten	
Aufstieg	Arbeitsaufgaben wie durch den Anstellungsvertrag vorgegeben
Identifikation mit dem Unternehmen	Leistungsabhängige Entlohnung

Weitere Vertragsinhalte

Auch weitere Systematisierungen von Inhaltsdimensionen verdienen Beachtung, da sie für die Anwendung in der Praxis ein breites Portfolio von Vertragsinhalten zur Verfügung stellen, aus dem je nach Anliegen gewählt werden kann (Beispiele vgl. Tabellen 3 und 4). In Abhängigkeit vom kulturellen Kontext, in dem die Systematisierungen entwickelt wurden, geht es um Verpflichtungen, Versprechen, Erwartungen, Leistungen des Unternehmens oder Beiträge der Mitarbeitenden; immer sind jedoch Inhalte gemeint, die in Beschäftigungsbeziehungen über den juristischen Arbeitsvertrag hinaus ausgetauscht werden.

Tabelle 3:
Versprechen oder Leistungen von Arbeitgeber und Arbeitnehmer (vgl. De Vos et al., 2003)

Versprechen und Leistungen Arbeitgeber	Versprechen und Beiträge Arbeitnehmer
Laufbahnentwicklung	Arbeitsverhalten
Arbeitsinhalt, Arbeitsklima	Flexibilität
finanzielle Leistungen	ethisches Verhalten
Work-Life-Balance	Loyalität
	Arbeitsmarktfähigkeit

Tabelle 4:
Erwartungen und Angebote von Arbeitgeber und Arbeitnehmer (vgl. Raeder, Wittekind, Inauen & Grote, 2009)

Angebot des Arbeitgebers bzw. Erwartung der Mitarbeitenden	Erwartung des Arbeitgebers bzw. Angebot der Mitarbeitenden
Sicherheit und Bindung	Loyalität und Leistung
Unterstützung für Kompetenz- und Laufbahnentwicklung	Eigenverantwortung für Kompetenz- und Laufbahnentwicklung
Partizipation	

Abgrenzung zum juristischen Arbeitsvertrag

Eine Vielzahl von inhaltlichen Punkten kann zum psychologischen Vertrag gehören, und zweifellos verändert sich deren Relevanz über die Zeit hinweg und je nach kulturellem und ökonomischem Kontext. Einzig zum juristischen Arbeitsvertrag besteht eine klare und eindeutige Abgrenzung: Inhalte des psychologischen Vertrags müssen als Verpflichtung, Versprechen oder Erwartung verstanden werden können und dürfen kein Teil des juristischen Arbeitsvertrags sein. Für die Anwendung in der Praxis sollten die Inhalte ausgewählt werden, die im Unternehmenskontext relevant erscheinen oder die im Kontext des Arbeitsverhältnisses Bedeutung erhalten sollen.

2.1.5 Strukturdimensionen

Sechs Strukturdimensionen

Während es die Differenzierung von Inhaltsdimensionen erlaubt, psychologische Verträge für verschiedene Arbeitsverhältnisse sehr spezifisch zu beschreiben, vereinfacht die Unterscheidung von Strukturdimensionen den Vergleich psychologischer Verträge in verschiedenen Arbeitsverhältnissen. Das Anliegen, psychologische Verträge von befristet oder projektbezogen Beschäftigten und Festangestellten zu unterscheiden, führte zur Unterscheidung von sechs Strukturdimensionen (McLean Parks et al., 1998). Für Festangestellte gilt, dass sich der psychologische Vertrag verändern kann und über die reine Arbeitszeit hinausreicht, implizite Erwartungen und sozio-emotionale Inhalte eine wichtige Rolle spielen und spezifische wie universelle Ressourcen ausgetauscht werden. Für befristet Beschäftigte gilt, dass der Vertrag für die befristete Dauer unverändert bleibt, nicht über die Arbeitszeit und die klar definierten Bedingungen hinausreicht und ökonomische Inhalte eine zentrale Rolle spielen (vgl. Tabelle 5).

Tabelle 5:
Strukturdimensionen psychologischer Verträge nach Beschäftigungsverhältnissen
(nach McLean Parks et al., 1998)

Dimensionen psychologischer Verträge	Festangestellte	Projektbezogen Beschäftigte
Stabilität	Veränderbarkeit des Vertrags über die Zeit hinweg	Stabilität
Reichweite	Einbezug anderer Lebensbereiche sowie der Freizeit	Beschränkung des Vertrags auf die Arbeitszeit
Dauer der Beschäftigungsbeziehung	unbefristet	befristet
Klarheit und Transparenz	klar definierte Bedingungen des Vertrags	subjektive Erwartungen
Fokus	sozio-emotionale Inhalte	ökonomische Inhalte
Einzigartigkeit vs. Ersetzbarkeit	Einzigartigkeit der ausgetauschten Ressourcen	Ersetzbarkeit der ausgetauschten Ressourcen

Sechs Vertragstypen

Auf der Basis dieser Dimensionen wurden Mitarbeitende befragt und sechs Vertragstypen zugeordnet (Janssens, Sels & Van den Brande, 2003), die die Struktur des psychologischen Vertrags im Zusammenhang mit demografischen Variablen illustrieren (vgl. Abbildung 3).

Die sechs Typen sind:
- *Instrumenteller* psychologischer Vertrag: Die Mitarbeitenden dieses Vertragstyps stellen hohe Erwartungen an den Arbeitgeber und berichten gleichzeitig geringe eigene Erwartungen an sich selbst. Vor allem Facharbeiter gehören zur Gruppe dieser Beschäftigten.
- *Schwacher* psychologischer Vertrag: Die Erwartungen der Mitarbeitenden wie auch deren Arbeitgeber sind gering. Die Gruppe der Facharbeiter stellt den größten Anteil dieses Vertragstyps dar.
- *Loyaler* psychologischer Vertrag: Die Langfristigkeit der Beschäftigungsbeziehung steht im Vordergrund. Auch dieser Typ besteht vor allem aus Facharbeitern.

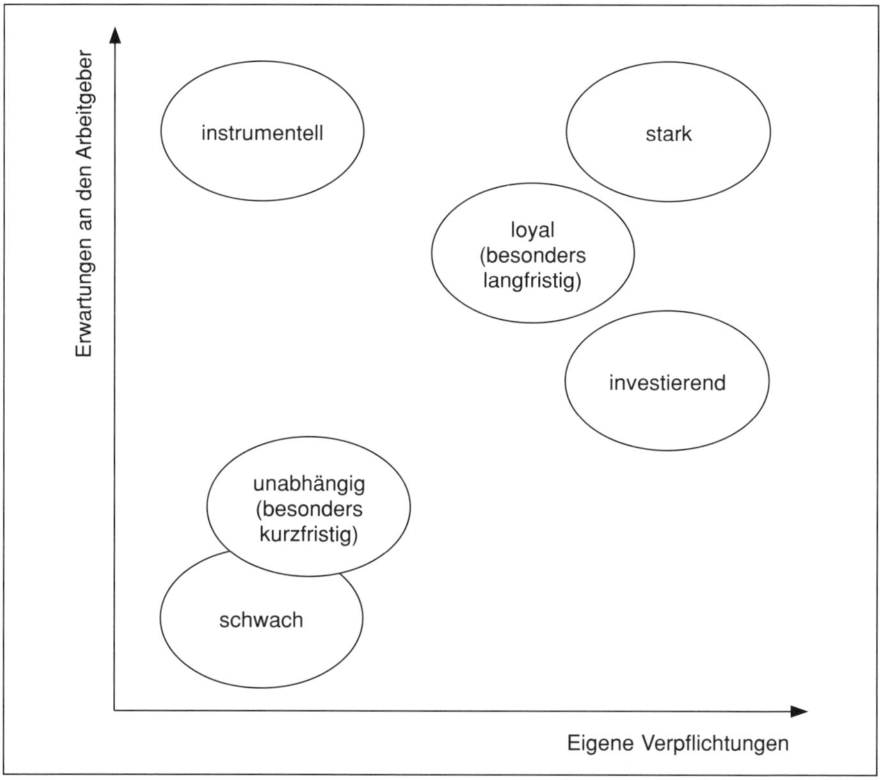

Abbildung 3:
Typen psychologischer Verträge (nach Janssens et al., 2003)

– *Starker* psychologischer Vertrag: Dieser Vertragstyp ist durch hohe Erwartungen von Mitarbeitenden und Arbeitgeber gekennzeichnet. Ältere Mitarbeitende mit längerer Beschäftigungsdauer sind in dieser Gruppe deutlich übervertreten.
– *Unabhängiger* psychologischer Vertrag: Beide Vertragsparteien stellen geringe Erwartungen besonders in Bezug auf die Langfristigkeit der Beschäftigungsbeziehung. Eher jüngere sowie gut ausgebildete Mitarbeitende mit kurzer Beschäftigungsdauer beschreiben diesen Typ.
– *Investierender* psychologischer Vertrag: Die Erwartungen der Mitarbeitenden an den Arbeitgeber befinden sich auf mittlerem Niveau und die Erwartungen der Mitarbeitenden an sich selbst auf hohem Niveau. Die Mitarbeitenden sind zum großen Teil gut ausgebildet.

Die Typen zeigen die Unterschiedlichkeit psychologischer Verträge für verschiedene Arten von Mitarbeitenden auf. Entsprechend ist auch ein unterschiedlicher Umgang mit den Mitarbeitenden je nach Typ des psychologischen Vertrags gefordert.

2.1.6 Organisationale Vertragspartner

Führungskräfte und Personalverantwortliche repräsentieren die Organisation

Allgemein ist Kennzeichen eines Vertrags, dass dieser zwischen zwei oder mehr Parteien durch explizite Zustimmung abgeschlossen wird. Bei Arbeitsverträgen sind die Parteien klar definiert: Arbeitgeber und Arbeitnehmer oder Unternehmen und Mitarbeitende. Da bei psychologischen Verträgen darüber diskutiert wurde, ob der Arbeitgeber oder die Organisation als Vertragspartner berücksichtigt werden kann (Rousseau, 1989), beschränkte sich die Forschung lange Zeit darauf, den psychologischen Vertrag von Beschäftigten zu untersuchen. Erst in den letzten Jahren wurde verstärkt argumentiert, dass Führungskräfte und Personalverantwortliche den psychologischen Vertrag der Organisation repräsentieren können, ebenso wie sie dies in Arbeitsverträgen tun. Für die Gestaltung der Beschäftigungsbeziehung im Unternehmen ist die Annahme eines organisationsseitigen Vertragspartners wesentlich, denn nur so kann der psychologische Vertrag aktiv definiert und umgesetzt werden (vgl. Kapitel 3 und 5).

Abweichende Sichtweisen

Forschungsergebnisse bestätigen, dass es von wesentlicher Bedeutung ist, beide Vertragsparteien zu berücksichtigen, da deren Sichtweisen voneinander abweichen können. Mitarbeitende nehmen eher als Vorgesetzte an, dass der Arbeitgeber Verpflichtungen nicht einhält (Lester, Turnley, Bloodgood & Bolino, 2002). Vorgesetzte schätzen Aufstiegschancen, die Qualität der Beschäftigungsbeziehung und die Erfüllung des psychologischen Vertrags positiver ein als ihre Mitarbeitenden. Mitarbeitende führen den Bruch des psychologischen Vertrags eher darauf zurück, dass das Unternehmen absichtlich nicht Wort hält (z.B. Arbeitsplatzabbau trotz hoher Profite und hoher Boni im Topmanagement). Vorgesetzte führen den Vertragsbruch eher darauf zurück, dass sie den Vertrag aufgrund äußerer Umstände (z.B. Verlust von Marktanteilen) nicht einhalten können. Vorgesetzte und Mitarbeitende nähern ihre Sicht des psychologischen Vertrags jedoch im Laufe der Zusammenarbeit und bei guter Qualität der Führungsbeziehung aneinander an (Tekleab & Taylor, 2003). Die dadurch erreichte höhere Übereinstimmung im psychologischen Vertrag hängt mit höherer Produktivität und beruflichem Erfolg zusammen (Dabos & Rousseau, 2004).

Um den psychologischen Vertrag vollständig verstehen zu können, sind die Perspektiven beider Vertragsparteien wichtig. Die Dauer und die Qualität der Zusammenarbeit tragen zur Übereinstimmung der Perspektiven bei, und diese lässt Rückschlüsse auf die Einhaltung des psychologischen Vertrags zu.

2.2 Kontextfaktoren und Folgen

Für die Gestaltung der Beschäftigungsbeziehung in Unternehmen ist es bedeutsam zu wissen, durch welche Faktoren sich psychologische Verträge entwickeln und welche Konsequenzen aus den psychologischen Verträgen erwachsen. Das Wissen über die Faktoren erlaubt es, auf die Beziehung zwischen Unternehmen und Mitarbeitenden Einfluss zu nehmen. Die bisher erforschten Kontextfaktoren lassen sich grob dem Arbeitsumfeld in der

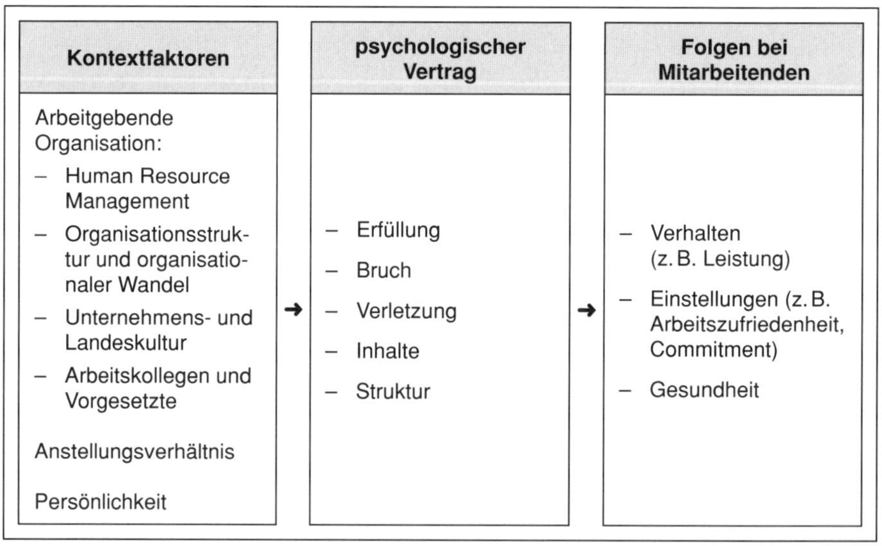

Abbildung 4:
Übersicht über Kontextfaktoren und Folgen

arbeitgebenden Organisation, dem Anstellungsverhältnis oder der Person zuordnen. Die Konsequenzen psychologischer Verträge zeigen zudem deren Wichtigkeit im Kontext der Beschäftigungsbeziehung auf, da erwünschte Folgen hervorgerufen und unerwünschte vermieden werden sollen. Die Auswirkungen des psychologischen Vertrags wurden bisher nur auf der Ebene des Individuums betrachtet, und die Ebene der Organisation beispielsweise blieb unberücksichtigt. Daher werden hier Folgen fürs Individuum beschrieben, unterschieden nach Folgen für Verhalten, Gesundheit und Einstellungen gegenüber der Arbeit. Kontextfaktoren und Folgen werden jeweils in Bezug zu Vertragserfüllung, Vertragsbruch, Vertragsverletzung, Vertragsinhalten oder der Qualität der Verpflichtungen dargestellt (vgl. Abbildung 4).

2.2.1 Kontextfaktoren

Im Vordergrund der Analyse von Kontextfaktoren steht die Suche nach Gestaltungsmöglichkeiten der Beschäftigungsbeziehung. Zu diesen Gestaltungsmitteln gehören Praktiken des Human Resource Managements, die Qualität der Kommunikation, Mitbestimmungsmöglichkeiten sowie die Unterstützung durch die Organisation oder Führung. Eindeutig negative Auswirkungen auf die Beschäftigungsbeziehung zeigen Reorganisations- und Personalabbauprozesse sowie in der Vergangenheit erlebte Vertragsbrüche, denen vorgebeugt werden sollte. Zudem hängt der psychologische Vertrag vom Anstellungsverhältnis ab: Festangestellte berichten eher relationale Vertragsinhalte und befristet Beschäftigte eher transaktionale Vertragsinhalte. Somit sollten auch Entscheidungen über die Form des juristischen Arbeitsvertrags bewusst getroffen werden. Diese Kontextfaktoren psychologischer Verträge werden im Folgenden anhand von Forschungsergebnissen detailliert ausgeführt.

- *Human Resource Management*

Commitment förderndes HRM und Kommunikation

Die umfassendsten Gestaltungsmöglichkeiten für die Beziehung zwischen Unternehmen und Mitarbeitenden fallen in den Bereich des Human Resource Managements oder der Führung. Allgemein unterstützt ein Human Resource Management (HRM), das das Commitment der Mitarbeitenden fördert, relationale Vertragsinhalte und minimiert transaktionale Vertragsinhalte (Uen, Chien & Yen, 2009). Sowohl ein Commitment förderndes HRM als auch relationale psychologische Verträge unterstützen eine langfristige und loyale Beschäftigungsbeziehung. Insbesondere erlaubt ein formaler Einführungsprozess neuen Mitarbeitenden, Erwartungen zu klären und mit dem organisationalen Vertragspartner abzustimmen (Robinson & Morrison, 2000). Auch eine effektive Kommunikation bei der Einstellung und zur Arbeitstätigkeit beugt einem Vertragsbruch vor (Conway & Monks,

2008; Guest & Conway, 2002). Mitbestimmungsmöglichkeiten und Autonomie in der Arbeitstätigkeit tragen zu größerer Klarheit, Transparenz, umfassenderen und zeitlich stabileren Verpflichtungen des Arbeitnehmers bei (Sels, Jansens & van den Brande, 2004). Bei leistungsorientierter Entlohnung ist die Dauer der Beschäftigungsbeziehung geringer als bei leistungsunabhängiger Entlohnung.

Unterstützung durch die Organisation

Die Unterstützung der Mitarbeitenden durch die Organisation ist förderlich für die Beschäftigungsbeziehung. Wenn Mitarbeitende Unterstützung durch die arbeitgebende Organisation erleben, trägt dies dazu bei, dass beide Vertragspartner ihre Verpflichtungen einhalten (Gakovic & Tetrick, 2003). Mitarbeitende berichten dann auch zu einem späteren Zeitpunkt seltener, dass ihr psychologischer Vertrag gebrochen oder verletzt wurde (Dulac, Coyle-Shapiro, Henderson & Wayne, 2008; Tekleab et al., 2005). Besonders wenn der Arbeitgeber die Mitarbeitenden in ihrer Karriere unterstützt, erleben diese den psychologischen Vertrag als erfüllt (Sturges, Conway, Guest & Liefooghe, 2005). In Unternehmen, die die Arbeitsmarktfähigkeit der Mitarbeitenden aktiv fördern, gehen Karriereplanung und fortlaufende Lernprozesse in die Gestaltung eines relationalen Vertrags ein. Dies geschieht nicht, wenn das Unternehmen die Verantwortung für die Kompetenzentwicklung den Mitarbeitenden selbst überlässt (Scholarios et al., 2008).

> Insgesamt unterstützt eine höhere Qualität des HRM die Erfüllung des psychologischen Vertrags. Dies wird insbesondere erreicht durch eine effektive Kommunikation vor und nach der Einstellung, durch Mitbestimmung, Unterstützung durch die Organisation und Kompetenzentwicklung.

- *Organisationsstruktur und organisationaler Wandel*

Organisationsgröße

Die Größe der Organisation gibt Rahmenbedingungen für die Gestaltung der Beschäftigungsbeziehung vor. In mittelgroßen Unternehmen mit weniger als 500 Mitarbeitenden ist es angemessen, wenn die Verpflichtungen der Vertragsparteien weniger klar und transparent definiert sind und sich über die Zeit hinweg verändern (vgl. Sels et al., 2004). In größeren Firmen mit mehr als 500 Mitarbeitenden hingegen ist es wichtig, dass die Verpflichtungen klar und transparent kommuniziert werden.

Vertragsbruch durch organisationalen Wandel

Bereits die Planung, aber auch die Durchführung organisationaler Veränderungsprozesse stellt die Beziehung zwischen Unternehmen und Mitarbeitenden auf die Probe (Korsgaard et al., 2002; Raeder & Grote, 2004). Manager in Firmen, die Prozesse des Personalabbaus oder der Reorganisation oder einen Merger durchlaufen, berichten häufiger einen Bruch des psychologischen Vertrags (Lo & Aryee, 2003; Turnley & Feldman, 1998).

Gebrochen werden dabei unternehmensseitige Versprechungen zu Arbeitsplatzsicherheit, Mitspracherechten, Aufstiegsmöglichkeiten und Verantwortung. Führungskräfte, die die Reorganisations- und Abbauprozesse sowie Gehaltserhöhungen und Beförderungen als fair beurteilten, nahmen seltener einen Vertragsbruch wahr. Die negativen Auswirkungen eines Vertragsbruches in einem Veränderungsprozess können durch die Verbundenheit mit der Organisation und die Fähigkeit der Mitarbeitenden, mit Veränderungen umzugehen, gemindert werden (Bellou, 2008). Gleichzeitig fühlen sich Mitarbeitende in Reorganisationsprozessen überfordert, die erwartete Flexibilität und das vom Unternehmen geforderte Spektrum von Kompetenzen zu bieten (Raeder & Grote, 2004). In Unternehmen, in denen aktuell keine Veränderungsprozesse stattfinden, sehen Mitarbeitende ihren psychologischen Vertrag viel eher als erfüllt an. In organisationalen Veränderungsprozessen sind relationale Verträge günstiger, da sie dafür sorgen, dass Mitarbeitende ökonomische Gründe für organisationale Veränderungen akzeptieren (Rousseau & Tijoriwala, 1999). Allgemein können Mitarbeitende Kündigungen in ihrem Umfeld dann als fair wahrnehmen, wenn sie durch ökonomische Gründe bedingt sind (Hauff, 2007).

Nach einer Erfahrung von Personalabbau und Reorganisation können Mitarbeitende ihren psychologischen Vertrag neu ausrichten. Von Personalabbau betroffene Personen übernehmen eher Eigenverantwortung für ihre berufliche Entwicklung und von Reorganisation Betroffene rechnen mit Arbeitsplatzunsicherheit oder beabsichtigen das Unternehmen zu verlassen (Cavanaugh & Noe, 1999).

Neuer psychologischer Vertrag nach Reorganisation und Personalabbau

Fallstudien in Unternehmen weisen darauf hin, dass sich die Beziehung zwischen Unternehmen und Mitarbeitenden durch Prozesse der Reorganisation und des Personalabbaus von einem traditionellen oder relationalen hin zu einem neuen psychologischen Vertrag verändert (vgl. Kapitel 1). Eine Fallstudie in einem Unternehmen des öffentlichen Verkehrs illustriert, wie – bedingt durch eine Restrukturierung – erhöhte Arbeits- und Leistungsanforderungen, zunehmende Unsicherheit in den Beschäftigungsperspektiven und die Ökonomisierung der Kooperationsbeziehungen Eingang in den psychologischen Vertrag finden (Becke, 2008). Auch eine Fallstudie in der Telekommunikationsbranche zeigt, dass der traditionelle psychologische Vertrag nach Restrukturierungsprozessen nicht mehr erfüllt wird (Kirpal & Biele Mefebue, 2007). Betroffen davon sind die Vertragsinhalte Arbeitsplatzsicherheit, berufliche Entwicklungsperspektiven, Identifikation mit den Arbeitsaufgaben und berufliche Kontinuität. Problematisch ist dabei vor allem, dass trotz unbefristeter Beschäftigung Entwicklungsperspektiven und Identifikationsmöglichkeiten nicht mehr geboten werden. Mitarbeitende sind gefordert, ihre Arbeitsmarktfähigkeit durch eigenverantwortliches, kontinuierliches Lernen zu erhalten, um sich damit Entwicklungsperspektiven zu schaffen. Drei weitere Fallstudien in Unternehmen des Bergbaus und der Industrie nach Prozessen des Personalabbaus und der Restrukturierung stützen die Annahme der Veränderung zu einer Beschäftigungsbeziehung, die nicht mehr auf Langfristigkeit ausgerichtet ist und höhere Leistungsanforderungen an die Mitarbeitenden stellt (Stahlmann, Wendt-Kleinberg & Weyrather, 2006). Diese Form des psychologischen Vertrags wird in diesen drei Fallstudien *transitional* (vgl. Rousseau, 1995) genannt, um den vorübergehenden Charakter der Beschäftigungsbeziehung zu kennzeichnen.

Die gleiche Art der Veränderung der Beschäftigungsbeziehung zeigt sich auch bei Personen, die in wissensintensiven Tätigkeiten arbeiten und deren Berufsbiografien durch eine Reihe von unfreiwilligen und selbst gewählten Stellenwechseln gekennzeichnet sind (Wilkens, 2004a, 2004b). Der neue psychologische Vertrag dieser Personengruppe ist dadurch charakterisiert, dass Sicherheit durch Arbeitsmarktfähigkeit erhalten wird und Bindung nur temporär durch Projekte und Aufgaben hergestellt wird. Zudem sind diese Personen bereit, hohe Leistung in die Beschäftigungsbeziehung einzubringen. Personen, die selbst nicht von einem Reorganisations- oder Personalabbauprozess betroffen sind, tendieren eher zu einem traditionellen psychologischen Vertrag, in dem Arbeitsplatzsicherheit eine zentrale Erwartung ist (Hauff, 2007). Ein Stellenverlust, und damit der Verlust des Vertragsinhalts Arbeitsplatzsicherheit, wird nur dann als gerecht angesehen, wenn dieser beispielsweise durch Abfindungen oder Unterstützung bei der Stellensuche kompensiert wird.

Organisationale Veränderungsprozesse stellen immer eine Belastung für die Beschäftigungsbeziehung dar, da Mitarbeitende einen Vertragsbruch wahrnehmen oder ihren psychologischen Vertrag neu ausrichten, aber nicht notwendigerweise wie vom Arbeitgeber gewünscht. Daher sollten die negativen Konsequenzen von Veränderungsprozessen möglichst eingedämmt werden beispielsweise durch die Unterstützung der Mitarbeitenden im Veränderungsprozess.

- *Unternehmens- und Landeskultur*

Kollektivistische vs. individualistische Kulturen

Beziehungen zwischen Mitarbeitenden und ihren Arbeitgebern entwickeln sich in Kulturen und passen sich diesen an, seien dies Landeskulturen oder Unternehmenskulturen. Die Komplexität von Kultur wurde bisher jedoch kaum zu Merkmalen von Beschäftigungsbeziehungen in Beziehung gesetzt, obwohl dies helfen würde, die Besonderheiten psychologischer Verträge besser zu verstehen. Einzig eine Untersuchung zeigt bisher nationale Unterschiede auf (Thomas et al., 2010). So treten relationale Verträge eher in kollektivistischen Kulturen – wie beispielsweise in China – und transaktionale Verträge eher in individualistischen Kulturen – wie beispielsweise in Kanada – auf.

Unternehmenskulturen werden zurzeit am häufigsten auf den Dimensionen interne/externe Orientierung und Flexibilität/Kontrolle abgebildet. Während die Dimension Orientierung beschreibt, ob der Fokus in der Organisation auf interne Prozesse oder das externe Umfeld gelegt wird, beschäftigt sich die Dimension Flexibilität/Kontrolle mit der Anpassungsfähigkeit oder der Rigidität der Organisation. In sogenannt hierarchischen Kulturen – mit Orientierung nach innen und ausgeprägter Kontrolle – stehen Autorität und die Einhaltung von Regeln im Vordergrund. In diesen entstehen eher transaktionale Verträge (Richard, McMillan-Capehart, Bhuian & Taylor, 2009). Klankulturen – mit Orientierung nach innen und hoher Flexibilität – zeichnen sich durch ein unterstützendes Arbeitsumfeld, Zusammenhalt und Mitbestimmung aus. In Klankulturen entwickeln sich eher relationale psychologische Verträge, da hier die Langfristigkeit der Beschäftigungsbeziehung und der Zusammenhalt im Vordergrund stehen. In den Klankulturen trägt der relationale psychologische Vertrag zu einem höheren Commitment zur Organisation bei.

Hierarchische vs. Klankulturen

Kultur gilt als weitgehend unbeeinflussbar, stellt aber einen wichtigen Kontext für den psychologischen Vertrag dar und schränkt damit den Gestaltungsspielraum ein. Es ist daher wesentlich, ein Verständnis für die Wechselwirkung zwischen Kultur und Beschäftigungsbeziehung zu entwickeln.

- *Arbeitskollegen und Vorgesetzte*

Arbeitskollegen als Modell

Mitarbeitende orientieren sich bei der Bildung und Bewertung ihrer Beziehung zum Unternehmen an Freunden oder Kollegen in vergleichbaren Positionen. Bei der Beurteilung, ob der Arbeitgeber den psychologischen Vertrag eingehalten hat, stützen sich Mitarbeitende auf Bezugspersonen, mit denen sie ein freundschaftliches Verhältnis oder eine ähnliche Position verbindet. Die Erfüllung ihrer eigenen Verpflichtungen schätzen sie ähnlich wie die Bezugspersonen ein (Ho & Levesque, 2005). Am Beispiel der Beschäftigungsverhältnisse in der Polizei kann gezeigt werden, dass teilzeitbeschäftigte Polizisten ihre Annahmen über die Verpflichtungen ihrer Vorgesetzten aus den Erfahrungen anderer Teilzeitbeschäftigter herleiten und dass diese durch die Personalabteilung verstärkt werden (Dick, 2006). Vorgesetzte stützen sich hingegen stärker auf formale Regelungen. Eine Befragung von Mitarbeitenden und Vorgesetzten in einer australischen Bank zeigt, dass beide Parteien Inhalte des psychologischen Vertrags ähnlich bewerteten (Winter & Jackson, 2006). Für die Bewertung der Inhalte ziehen Vorgesetzte jedoch eher rationale Begründungen wie knappe Ressourcen oder Finanzen heran, und Mitarbeitende finden eher emotionale Begründungen wie die fehlende Sorge des Managements um die Mitarbeitenden. Zudem empfinden Mitarbeitende, die die Führungsbeziehung als produktiv erleben, seltener einen Vertragsbruch oder eine Vertragsverletzung (Dulac et al., 2008).

Insgesamt orientieren sich Mitarbeitende in der Bewertung von Verpflichtungen und Erwartungen stärker an ihren Arbeitskollegen als an ihren Vorgesetzten. Vorgesetzte sehen den psychologischen Vertrag positiver als ihre Mitarbeitenden, tragen aber zur Erfüllung des psychologischen Vertrags bei.

- *Anstellungsverhältnis*

Befristete Beschäftigung vs. Festanstellung

Allgemein wird angenommen, dass sich psychologische Verträge von befristet oder projektbezogen Beschäftigten und von Festangestellten unterscheiden (McLean Parks et al., 1998). Demzufolge gilt für langfristig Beschäftigte, dass sich der unbefristete Vertrag verändern kann und über die reine Arbeitszeit hinausreicht, implizite Erwartungen und sozio-emotionale Inhalte eine wichtige Rolle spielen und spezifische wie universelle Ressourcen ausgetauscht werden. Für Zeitarbeiter gilt, dass der Vertrag für die befristete Dauer unverändert bleibt, nicht über die Arbeitszeit und die klar definierten Bedingungen hinausreicht und ökonomische Inhalte eine zentrale Rolle spielen. Die psychologischen Verträge von befristet Beschäftigten enthalten weniger gegenseitige Versprechen oder Verpflichtungen als die psychologischen Verträge von Festangestellten (De Jong, Schalk & De Cuyper, 2009; Van Dyne & Ang, 1998). Befristet Beschäftigte geben jedoch an, dass sie ihren psychologischen Vertrag insgesamt eher als erfüllt ansehen als Festangestellte. Festangestellte berichteten eine höhere Zahl von relationalen Versprechen des Arbeitgebers, aber auch einen geringeren Grad der Erfüllung dieser relationalen Versprechen als befristet Beschäftigte (Isaksson, De Cuyper, Bernhard-Oettel & De Witte, 2010). Befristet Beschäftigte sehen die mehrheitlich transaktionalen Versprechen beider Vertragsparteien eher als erfüllt an und sind daher mit ihrem psychologischen Vertrag relativ zufrieden (De Jong et al., 2009; Millward & Hopkins, 1998). Zeitarbeiter, die eine dauerhafte Anstellungsbeziehung mit einem Unternehmen entwickeln, nähern ihren psychologischen Vertrag dem der Festangestellten an, und der Fokus verschiebt sich hin zu sozio-emotionalen Anteilen. Für den Arbeitgeber ist ein psychologischer Vertrag mit sozio-emotionalen Inhalten günstiger, da dadurch die Leistungsbereitschaft erhöht wird (Millward & Brewerton, 1999).

Teilzeit vs. Vollzeit

Ebenso umfasst der psychologische Vertrag von Vollzeitbeschäftigten im Gegensatz zu Teilzeitbeschäftigten mehr relationale Verpflichtungen (Gakovic & Tetrick, 2003; Millward & Hopkins, 1998). Der psychologische Vertrag von Arbeitern und Angestellten ohne Führungsfunktion umfasst zwar weniger Verpflichtungen, ist aber auch weniger flexibel (Sels et al., 2004).

Psychologische Verträge hängen also wesentlich von den Modalitäten des Anstellungsvertrags ab, da Mitarbeitende und Unternehmen psychologische Verträge in Abhängigkeit von Anstellungsdauer, Anstellungsgrad und Position entwickeln. Zu längerfristigen Beschäftigungsbeziehungen gehören eher relationale Verträge, die für die Leistung der Mitarbeitenden förderlich sind.

• *Persönlichkeit*

Gewissenhaftigkeit, Selbstwert und relationaler Vertrag

Mitarbeitende bewerten ihren psychologischen Vertrag je nach ihrer Persönlichkeit unterschiedlich. Einen relationalen Vertrag entwickeln eher gewissenhafte Personen mit hohem Selbstwert (Raja, Johns & Ntalanis, 2004). Emotional labile Personen mit einer Sensibilität für Ungerechtigkeit und externaler Kontrollüberzeugung (d. h. Ereignisse werden als durch äußere Faktoren bestimmt wahrgenommen) sehen ihren psychologischen Vertrag jedoch nicht als relational an. Transaktionale Verträge treten eher bei introvertierten Personen mit einer großen Sensibilität für Ungerechtigkeit auf. Einen Vertragsbruch berichten eher wenig gewissenhafte Personen mit externaler Kontrollüberzeugung. Zu einer Vertragsverletzung tendieren eher emotional labile Personen sowie Personen mit externaler Kontrollüberzeugung und Sensibilität für Ungerechtigkeit. Nach einem Vertragsbruch nehmen wenig gewissenhafte Personen ihre Loyalität und Arbeitszufriedenheit stärker zurück und denken eher daran zu kündigen als gewissenhafte Personen (Orvis, Dudley & Cortina, 2008).

Diese Forschungsergebnisse legen nahe, dass Gewissenhaftigkeit und hoher Selbstwert Grundlage für die Ausbildung eines relationalen Vertrags sind, dennoch sollte auch die Passung zwischen Persönlichkeit und im Unternehmen erwünschten Vertragstyp berücksichtigt werden.

2.2.2 Folgen

Wenn die arbeitgebende Organisation ihre Verpflichtungen erfüllt, ihre Versprechen einhält und die erwarteten Angebote bereitstellt, trägt dies in der Regel zu erwünschtem Verhalten (z. B. Arbeitsleistung), zu erwünschten Einstellungen (z. B. Arbeitszufriedenheit) und zur Gesundheit der Mitarbeitenden bei (z. B. Rigotti, 2009). Ein Bruch oder eine Verletzung des psychologischen Vertrags zeigt überwiegend negative Auswirkungen. Allgemein sind relationale Verträge günstiger für das Verhalten und die Einstellungen der Mitarbeitenden als transaktionale Verträge (z. B. Uen et al., 2009). Dabei ist zu berücksichtigen, dass relationale Verträge in der Regel eine Festanstellung begleiten und transaktionale Verträge zu befristeter Beschäftigung gehören. Außerdem hängen höhere Verpflichtungen und Leistungen allgemein positiv mit dem Verhalten und den Einstellungen der Mitarbeitenden zusammen. Der Zusammenhang zwischen psychologischem Vertrag und dem Verhalten, den Einstellungen und der Gesundheit der Mitarbeitenden wird im Folgenden ausgeführt.

• *Arbeitsverhalten und Leistung*

Leistung und innovationsförderndes Verhalten

In der Regel fördert die Erfüllung des psychologischen Vertrags Leistung und erwünschtes Arbeitsverhalten, während ein Vertragsbruch oder eine Vertragsverletzung diese verringern. Mitarbeitende und Vorgesetzte stimmen darin überein, dass die Erfüllung des psychologischen Vertrags durch die arbeitgebende Organisation die Arbeitsleistung der Mitarbeitenden erhält (Turnley, Bolino, Lester & Bloodgood, 2003). Insbesondere die Erfüllung relationaler Vertragsinhalte hängt nach Aussagen der Mitarbeitenden positiv mit dem Leistungsverhalten zusammen, nicht aber die Erfüllung transaktionaler Vertragsinhalte (Coyle-Shapiro & Kessler, 2003). Von einem Vertragsbruch oder einer Vertragsverletzung betroffene Mitarbeitende reduzieren hingegen ihre Arbeitsleistung, und auch dies nehmen Mitarbeitende und Vorgesetzte ähnlich wahr (Chen, Tsui & Zhong, 2008; Johnson & O'Leary-Kelly, 2003; Lester et al., 2002; Restubog, Bordia & Tang, 2006; Robinson, 1996; Turnley & Feldman, 1999; Zhao et al., 2007). Dieser Effekt zeigt sich insbesondere dann, wenn der Arbeitgeber relationale Vertragsinhalte, wie Weiterbildung und Aufstiegsmöglichkeiten, nicht wie versprochen bietet. Nach einem Bruch des psychologischen Vertrags nimmt auch innovationsförderndes Verhalten mit der Zeit ab (Ng, Feldman & Lam, 2010).

Allgemein wirkt sich die Höhe der Verpflichtungen des Arbeitgebers positiv auf das Arbeitsengagement und die Loyalität aus (Coyle-Shapiro, 2002; Coyle-Shapiro & Conway, 2005). Dafür ist es außerdem wichtig, dass Mitarbeitende bestrebt sind, die eigenen Beiträge langfristig im Gleichgewicht mit denen des Unternehmens zu halten. Besonders relationale Vertragsinhalte helfen dabei, dass Mitarbeitende durch qualitativ hochstehende Maßnahmen des Human Resource Managements dazu angeregt werden, mehr zu leisten (Uen et al., 2009).

Aktive Stellensuche

Mitarbeitende, die die Vertragsinhalte berufliche Entwicklung, Arbeitsinhalte und Arbeitsklima als erfüllt ansehen, suchen seltener aktiv nach einer neuen Stelle (De Vos & Meganck, 2009). Von einer Vertragsverletzung betroffene Mitarbeitende suchen eher eine neue Beschäftigung und äußern auch ihre Unzufriedenheit gegenüber Vorgesetzten (Turnley & Feldman, 1999). Durch Vertragsbrüche nehmen die Fehltage der Beschäftigten zu und Stellenwechsel sind häufiger (Robinson & Rousseau, 1994).

Unerwünschtes Verhalten

Wenn psychologische Verträge erfüllt werden, halten sich Mitarbeitende mit mikropolitischem Verhalten zurück (Larwood, Wright, Desrochers & Dahir, 1998). Die Erfüllung des psychologischen Vertrags ist ebenfalls günstig, um Fehlzeiten und Präsentismus vorzubeugen (Rigotti, 2009). Vertragsbrüche oder -verletzungen hingegen tragen zu kontraproduktivem Verhalten der Mitarbeitenden bei (Bordia, Restubog & Tang, 2008). Dazu gehören feindliches und herabsetzendes Verhalten gegenüber Kollegen, Schädigung der Produktionsmittel, absichtliche Fehler bei der Arbeit, Diebstahl, unerlaubte Abwesenheit während der Arbeitszeit oder Arbeitsverweigerung. Mitarbeitende nutzen dieses Verhalten als Gelegenheit, um sich gegenüber dem Unternehmen zu revanchieren oder wieder ein Gleichgewicht in der Austauschbeziehung herzustellen, wenn sie zuvor mehr eingebracht haben, als sie zurückerhalten haben (Bordia et al., 2008). Der Bruch relationaler Vertragsinhalte motiviert stärker zu unerwünschtem Verhalten als der Bruch transaktionaler Vertragsinhalte (Jensen, Opland & Ryan, 2010).

Insgesamt sind Mitarbeitende leistungsbereiter und engagieren sich mehr, wenn ihr psychologischer Vertrag erfüllt ist und die Menge der unternehmensseitigen Verpflichtungen stimmt. Bei einem Vertragsbruch oder einer Vertragsverletzung reduzieren sie ihre Leistung oder reagieren mit unerwünschtem Verhalten.

- *Einstellungen: Arbeitszufriedenheit und Commitment*

Die Erfüllung des psychologischen Vertrags ist günstig für eine Vielzahl von Einstellungen der Mitarbeitenden gegenüber ihrer Arbeit und der arbeitgebenden Organisation. Sie führt zu höherem Arbeitsengagement, höherer Arbeitszufriedenheit und stärkerer Verbundenheit mit der Organisation und reduziert Kündigungsabsichten (Coyle-Shapiro & Kessler, 2003; De Vos & Meganck, 2009; Lambert, Edwards & Cable, 2003; Larwood et al., 1998; Parzefall & Hakanen, 2010). Ein Vertragsbruch oder eine Vertragsverletzung hingegen vermindert die Arbeitszufriedenheit und die Verbundenheit mit der Organisation (Chen et al., 2008; Dulac et al., 2008; Johnson & O'Leary-Kelly, 2003; Lester et al., 2002; Ng et al., 2010; Tekleab et al., 2005; Turnley & Feldman, 1999; Zhao et al., 2007). Mitarbeitende nehmen ihr Vertrauen in die Organisation zurück, und Kündigungsabsichten und innere Kündigung nehmen zu (Deery, Iverson & Walsh, 2006; Dulac et al., 2008; Lo & Aryee, 2003; Restubog & Bordia, 2006; Robinson, 1996; Zhao et al., 2007).

Mitarbeitende mit einem relationalen Vertrag fühlen sich stärker mit der Organisation verbunden und denken deutlich seltener an Kündigungen als Mitarbeitende mit einem transaktionalen Vertrag (Millward & Brewerton, 1999; Millward & Hopkins, 1998). Wenn im Einstellungsgespräch relationale Vertragsinhalte besprochen werden, führt dies zu mehr Vertrauen, gegenseitigem Verständnis und zu mehr Gegenseitigkeit in der späteren Beschäftigungsbeziehung (Millward & Cropley, 2003).

Mitarbeitende, die hohe Verpflichtungen bei beiden Vertragsparteien sehen, erleben mehr Unterstützung durch die arbeitgebende Organisation als Mitarbeitende mit beidseitig geringen Verpflichtungen (Coyle-Shapiro & Conway, 2005). Außerdem fühlen sich Mitarbeitende mit beidseitig hohen Verpflichtungen eher mit der Organisation verbunden, planen die Zukunft im Unternehmen und beabsichtigen seltener, die Stelle zu wechseln, als Mitarbeitende mit beidseitig geringen Verpflichtungen. Mitarbeitende fühlen sich ebenfalls stärker mit der Organisation verbunden, wenn sie die Beziehung zu ihrem Arbeitgeber als einzigartig und unverwechselbar ansehen (Ng & Feldman, 2008). Dies nimmt mit dem Alter der Mitarbeitenden zu.

Die Erfüllung psychologischer Verträge sowie die Höhe der arbeitgeberseitigen Verpflichtungen sind günstig für erwünschte Einstellungen der Mitarbeitenden: Commitment, Arbeitszufriedenheit und die Absicht, im Unternehmen zu bleiben. Ein Vertragsbruch oder eine Vertragsverletzung stehen immer in Zusammenhang mit einer Abnahme dieser erwünschten Einstellungen.

- *Gesundheit*

Die Erfüllung des psychologischen Vertrags durch den Arbeitgeber trägt nach Aussagen der Mitarbeitenden zum allgemeinen Gesundheitszustand und zur Lebenszufriedenheit bei (Parzefall & Hakanen, 2010; Rigotti, 2009; Rigotti & Mohr, 2006). Mitarbeitende fühlen sich weniger emotional erschöpft und sind mit ihrer Arbeit zufriedener (Larwood et al., 1998). Durch einen Vertragsbruch fühlen sich Mitarbeitende hingegen betrogen und äußern sich ihrem Arbeitgeber gegenüber zynisch (Johnson & O'Leary-Kelly, 2003). Ein Vertragsbruch wirkt sich auch negativ auf die alltägliche Stimmungslage aus (Conway & Briner, 2002). Die Erfüllung des psychologischen Vertrags kann daher als Prävention zur Erhaltung der Gesundheit der Mitarbeitenden angesehen werden.

2.2.3 Günstige Bedingungen

Ein Ereignis oder ein bestimmtes Verhalten muss nicht zwingend zu einem Vertragsbruch oder einer Vertragsverletzung führen, und aus einem Vertragsbruch muss nicht zwingend eine in der Organisation unerwünschte Verhaltenskonsequenz entstehen. Dies hängt wesentlich davon ab, ob Prozesse im Unternehmen gerecht gestaltet sind und ob eine vertrauensvolle Beziehung zwischen Arbeitnehmer und Arbeitgeber besteht. Da sich ein Bruch des psychologischen Vertrags unter Umständen nicht verhindern lässt, helfen diese günstigen Bedingungen weitere unerwünschte Folgen abzuschwächen.

Günstige und ungünstige Bedingungen bei einem Vertragsbruch
Günstige Bedingungen
– Gerechtigkeit der Prozesse in der Organisation – Gerechtigkeit der Kommunikation – Vertrauen in die Organisation – Verbundenheit mit der Organisation – Marktdruck

Ungünstige Bedingungen
– Patronale Führungsstruktur – Früherer Stellenabbau

Gerechtigkeit

Allgemein nehmen Mitarbeitende eher einen Bruch ihres psychologischen Vertrags wahr, wenn sie Prozesse in der Organisation, das Verhalten der Führungskräfte und die Kommunikation von Entscheidungen nicht als fair beurteilen (Korsgaard et al., 2002, vgl. Kapitel 1). Prozesse werden dann als gerecht eingeschätzt, wenn sie konsistent und fehlerfrei angewendet werden, sie an veränderte Bedingungen oder Bedürfnisse angepasst werden können und die Betroffenen ihre Interessen vertreten können. Die Kommunikation und Information über Entscheidungen wird dann als gerecht empfunden, wenn die Mitarbeitenden mit Würde und Respekt behandelt werden. Dementsprechend nehmen Führungskräfte, die Reorganisations- und Abbauprozesse sowie Gehaltserhöhungen und Beförderungen als fair beurteilen, seltener einen Vertragsbruch wahr (Turnley & Feldman, 1998). Ein Vertragsbruch hängt besonders dann negativ mit Arbeitszufriedenheit, Kündigungsabsicht und Leistung zusammen, wenn organisationale Prozesse nicht als fair eingeschätzt werden (Kickul, Lester & Finkl, 2002). Im Besonderen wirkt sich die Planung organisationaler Veränderungen nur dann negativ auf den psychologischen Vertrag aus, wenn die Mitarbeitenden das Planungsverfahren nicht als fair einschätzen (Korsgaard et al., 2002).

Vertrauen

Vertrauen in die Organisation hilft im Falle eines Vertragsbruchs Leistung, Arbeitsengagement und Eigeninitiative zu erhalten und den Wunsch nach innerer Kündigung zu bremsen (Lo & Aryee, 2003; Robinson, 1996). Kündigungsabsichten kann das Vertrauen in die Organisation jedoch nur wenig abschwächen. Wenn Mitarbeitende ihrer Organisation Vertrauen entgegenbringen, ist die präventive Wirkung der Vertragserfüllung für die Erhaltung der Lebenszufriedenheit und Gesundheit jedoch größer (Rigotti & Mohr, 2006).

Commitment

Die Verbundenheit mit der Organisation (vgl. van Dick, 2004) sorgt dafür, dass nach einem Vertragsbruch das Arbeitsengagement nicht reduziert wird. Die Abnahme der Leistung der Mitarbeitenden kann sie jedoch nicht verhindern (Bellou, 2008; Restubog et al., 2006).

Marktdruck

Je größer der Druck vom Markt für die Organisation ist, umso weniger relevant ist ein Vertragsbruch für das Vertrauen der Mitarbeitenden in die Organisation (Deery et al., 2006). Der Vertragsbruch kann dann durch externe Faktoren erklärt und auch entschuldigt werden.

Patronale Führung

Im Umfeld einer patronalen Führungsstruktur, in der der Vorgesetzte oder Firmeneigner für das Wohlergehen der Mitarbeitenden Verantwortung übernimmt, wirkt sich der Bruch relationaler Vertragsinhalte besonders negativ auf Eigeninitiative aus (Restubog & Bordia, 2006). Eine hohe gegenseitige Loyalität ist zudem nachteilig.

Stellenabbau

Für Mitarbeitende, die einen Stellenabbau erlebten, steht die Sorge um die Zukunft bei ihrem jetzigen Arbeitgeber dem Aufbau einer vertrauensvollen Beschäftigungsbeziehung entgegen (Pugh, Skarlicki & Passell, 2003).

2.3 Dynamik des psychologischen Vertrags

Langfristige Balance

Über die Entwicklung des psychologischen Vertrags im Zeitverlauf weiß man bisher wenig, da sich die meisten wissenschaftlichen Studien auf die Erfassung der Situation zu einem Zeitpunkt konzentriert haben. Es kann angenommen werden, dass Mitarbeitende mit der Zeit steigende Verpflichtungen aufseiten des Arbeitgebers sehen, aber abnehmende eigene Verpflichtungen. Dieser Effekt kann aus Sicht der Mitarbeitenden mit einem instrumentellen Ansatz erklärt werden: Die Tatsache, gute Arbeit für den Arbeitgeber zu leisten, ist bereits ein Beitrag im Sinne des psychologischen Vertrags, und dadurch steigen die Ansprüche der Mitarbeitenden und ihre Verbindlichkeiten sinken (Robinson, Kraatz & Rousseau, 1994). Ebenso nimmt die Wahrscheinlichkeit mit der Zeit zu, dass Mitarbeitende einen Vertragsbruch wahrnehmen, und dies zieht ihr Commitment und ihr innovationsförderndes Verhalten in Mitleidenschaft (Ng et al., 2010). Zudem nehmen Mitarbeitende höhere Versprechen oder Verpflichtungen aufseiten des Arbeitgebers wahr, wenn der Arbeitgeber ihnen zu Beginn ihres Beschäftigungsverhältnisses mehr bietet (De Vos, Buyens & Schalk, 2005). Die Beschäftigten stimmen ihre eigenen Versprechen auf die Beiträge ab, die sie bereits erbracht haben, sowie auf die Beiträge, die das Unternehmen erbracht hat. So gelingt es ihnen, den psychologischen Vertrag aus ihrer Sicht langfristig in Balance zu halten.

Über die Zeit hinweg interpretieren Mitarbeitende den psychologischen Vertrag zunehmend in ihrem Interesse und nehmen daher abnehmende eigene Verpflichtungen und zunehmende Arbeitgeberverpflichtungen wahr. Daher gilt es dafür Sorge zu tragen, dass die Übereinstimmung der Perspektiven beider Vertragsparteien fortlaufend erhalten werden kann.

2.4 Zusammenfassung

Die Erfüllung des psychologischen Vertrags hängt allgemein positiv mit erwünschtem Verhalten, erwünschten Einstellungen und der Gesundheit der Mitarbeitenden zusammen. Die Folgen eines Vertragsbruchs oder einer

Vertragsverletzung sind hingegen überwiegend negativ. Für Vertragsinhalte oder Strukturdimensionen lässt sich kein so eindeutiges Qualitätsurteil treffen. Bestimmte Inhalte oder Strukturdimensionen fördern beispielsweise die Leistung der Mitarbeitenden und andere begünstigen die Stellensuche auf dem Arbeitsmarkt. Das Wissen um die spezifischen Wirkungen von Inhalten und Strukturdimensionen erlaubt es Unternehmen, psychologische Verträge entsprechend zu gestalten.

Zu den wichtigsten Gestaltungsmöglichkeiten gehören Maßnahmen des Human Resource Managements beispielsweise durch ein Commitment förderndes HRM und durch Kommunikation. Außerdem hängen psychologische Verträge von der Dauer und dem Anstellungsgrad ab, die im Arbeitsvertrag vereinbart wurden. Vollzeitbeschäftigung und Festanstellung sind dabei immer mit einem größeren Umfang an Verpflichtungen und mehr relationalen Anteilen verbunden. Prozesse des organisationalen Wandels stellen immer eine Belastung für die Beschäftigungsbeziehung dar, und daher sollten negative Folgen beispielsweise durch faire Prozesse und Unterstützung im Veränderungsprozess ausgeglichen werden.

Langfristig gilt es, im psychologischen Vertrag eine faire Balance zwischen den Verpflichtungen und Leistungen beider Vertragsparteien zu entwickeln und zu erhalten. Die Klarheit und Transparenz der Verpflichtungen und Leistungen beider Vertragsparteien tragen dazu bei.

3 Analyse und Maßnahmenempfehlung

Um das Erleben der Beschäftigungsbeziehung und insbesondere des psychologischen Vertrags zu erfassen und Veränderungsnotwendigkeiten zu erkennen, eignet sich grundsätzlich jede Form der Mitarbeiterbefragung. In den meisten Unternehmen gibt es zwei Arten von Befragungen: einerseits periodische schriftliche Befragungen der Mitarbeitenden mit einem standardisierten Fragebogen und andererseits mindestens jährlich persönliche Mitarbeitergespräche als Teil des Performance-Management-Zyklus. Im Folgenden werden Hinweise für die Erfassung des psychologischen Vertrags für diese beiden Formen der Mitarbeiterbefragung gegeben.

3.1 Analyse des psychologischen Vertrags in schriftlichen Mitarbeiterbefragungen

In den meisten Mitarbeiterbefragungen wird vor allem die Zufriedenheit mit verschiedenen Aspekten der Arbeitssituation erfasst. Teilweise werden dazu Skalen verwendet, die Bezug nehmen auf die Erwartungen der Mitarbeitenden, indem danach gefragt wird, ob die jeweiligen Elemente der Arbeitssituation – wie z. B. Unterstützung durch Vorgesetzte und Kollegen, interessante Arbeitsaufgaben oder Weiterentwicklungsmöglichkeiten – den eigenen Erwartungen entsprechend ausfallen oder diese unter- oder übertreffen. Das zugrunde liegende Verständnis von Erwartung betrifft allerdings eher das persönliche Anspruchsniveau als Erwartungen im Sinne des psychologischen Vertrags, d. h. Erwartungen, die durch Aussagen oder Verhaltensweisen des unternehmensseitigen Partners in der Beschäftigungsbeziehung entstanden sind. Letztere sollten separat erfasst werden, wobei es sehr wichtig ist, den Befragten deutlich zu machen, dass es nicht um die eigenen Ansprüche geht, sondern um durch das Verhalten des Vertragspartners entstandene, mehr oder minder fundierte Erwartungen bestimmter Leistungen, wie z. B. die Fortsetzung eines befristeten Arbeitsverhältnisses oder die konkrete Unterstützung beim Besuch eines Weiterbildungsprogramms. In manchen Analyseinstrumenten wird auch nach gehaltenen oder gebrochenen Versprechen gefragt statt nach Erwartungen, um deutlich zu machen, dass es nicht darum geht, individuelle Wünsche und Ansprüche zu erfassen.

Befragung von Mitarbeitenden und Unternehmensvertretern?

Zudem ist zu entscheiden, ob nur die Mitarbeitenden gefragt werden und auch nur hinsichtlich der Erfüllung von Erwartungen durch das Unternehmen, oder ob auch Unternehmensvertreter befragt werden und die Erwartungen des Unternehmens an die Mitarbeitenden und deren Erfüllung einbezogen werden. Die Maximalvariante – mitarbeiter- und unternehmensseitige Erwartungen und Angebote aus Sicht der Mitarbeitenden und des Unternehmens zu erfassen – ist grundsätzlich sicher die aussagekräftigste, ihre Interpretation kann aber schnell auch die kognitive Verarbeitungskapazität der Beteiligten übersteigen aufgrund der mehrfachen Perspektivenwechsel, die dafür nötig sind (vgl. Kasten). Wenn Beschäftigte im Unternehmen speziell in ihrer Rolle als Unternehmensvertreter im psychologischen Vertrag, z. B. als Mitglied der Geschäftsleitung oder Mitglied der Personalabteilung, befragt werden sollen, sprengt das auch den Rahmen gängiger Mitarbeiterbefragungen und sollte durch separate Fragebögen oder Interviews erfolgen.

Beispiel einer Analyse des psychologischen Vertrags

In einer kantonalen Verwaltung in der Schweiz wurde der psychologische Vertrag hinsichtlich mitarbeiter- und unternehmensseitigen Erwartungen und Angeboten aus Sicht der Mitarbeitenden (MA) und des

Unternehmens/Arbeitgebers (AG) erfasst. Die Abfrage der Erwartungen und Angebote erfolgte auf einer 5-stufigen Skala von 1 = „trifft gar nicht zu“ bis 5 = „trifft vollständig zu“. Einige zentrale Ergebnisse sind nachfolgend aufgeführt (Sterne kennzeichnen jeweils statistisch signifikante Unterschiede zwischen Erwartung und Angebot).

Einschätzung der Mitarbeitenden

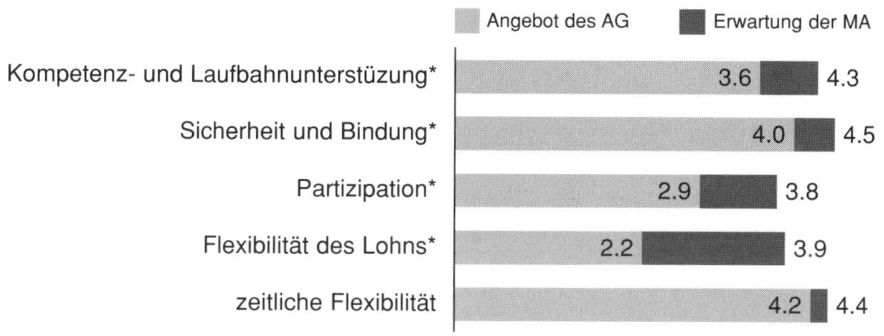

Einschätzung der Vorgesetzten

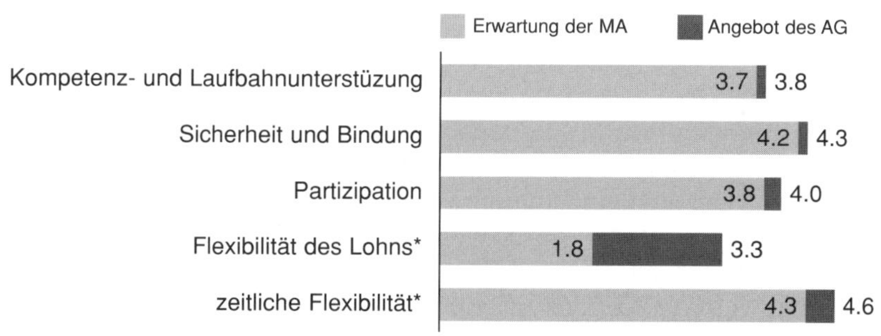

In der Gegenüberstellung der Sichtweisen von Mitarbeitenden und Vorgesetzten fällt auf, dass generell die Mitarbeitenden meinen, weniger zu bekommen, als ihnen versprochen worden ist, während umgekehrt die Vorgesetzten meinen, dass die Mitarbeitenden mehr vom Arbeitgeber erhalten als sie erwarten. Besonders dramatisch ist diese Verkehrung der Wahrnehmung beim Lohn. In der Diskussion dieses Ergebnisses mit Vertretern der betroffenen kantonalen Verwaltung zeigte sich, dass die

Vorgesetzten eher die im Lohnsystem vorhandenen Möglichkeiten flexibler, leistungsbezogener Entlohnung bewertet hatten, während die Mitarbeitenden ihre realen Löhne betrachtet hatten, die de facto wenig individualisiert waren, da sich die Vorgesetzten scheuten, die formalen Möglichkeiten auch tatsächlich zu nutzen.

Einschätzung der Mitarbeitenden

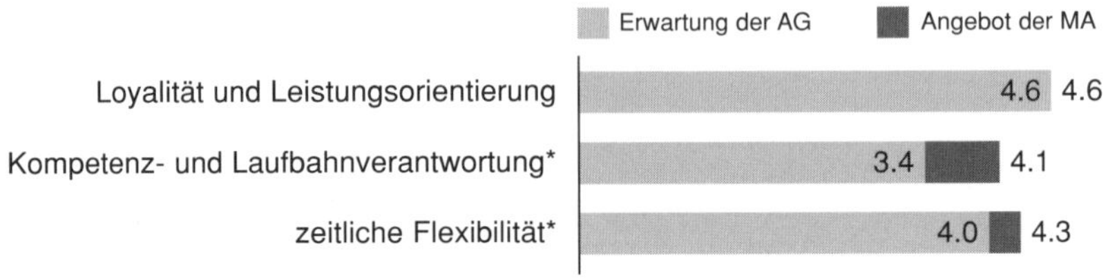

Einschätzung der Vorgesetzten

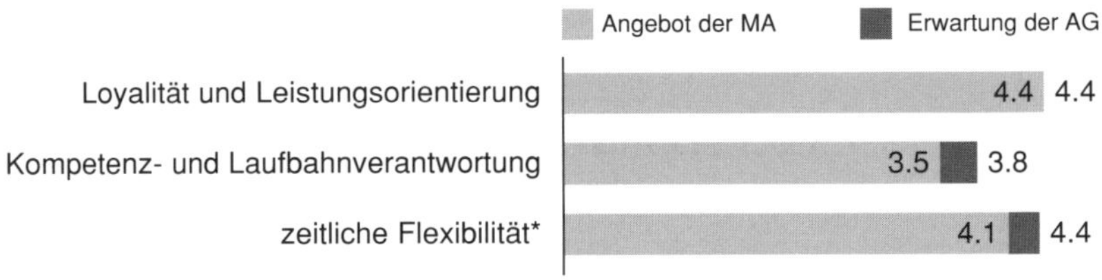

Bei der umgekehrten Frage nach den Angeboten der Mitarbeitenden/Arbeitnehmer (MA) und den Erwartungen des Unternehmens/Arbeitgebers (AG) ergab sich eine ähnliche Wahrnehmungsumkehrung mit einer beachtlichen Ausnahme: der Loyalität und Leistungsorientierung. Hier waren sich Mitarbeitende und Vorgesetzte völlig einig und sahen Angebot und Erwartung als gänzlich stimmig, was als sehr gute Basis für Zusammenarbeit und Commitment gesehen werden kann.

Relationale und transaktionale Inhalte erfragen

Schließlich sind die Inhalte zu wählen, bezüglicher derer nach Erwartungen und Angeboten bzgl. gehaltenen und gebrochenen Versprechen gefragt werden soll. In der Literatur wird teilweise empfohlen, nach sogenannt relationalen und transaktionalen psychologischen Verträgen zu unterscheiden (Rousseau, 1995, vgl. Kapitel 2). Relationale Verträge sind durch eher immaterielle Inhalte wie Loyalität und Identifikation gekennzeichnet, die Ausdruck einer emotionalen Bindung zwischen Mitarbeitenden und Unternehmen sind.

Transaktionale Verträge betonen den ökonomischen Austausch zwischen den Vertragspartnern und beinhalten eher Elemente wie Leistungsorientierung, angemessene Entlohnung und Karrieremöglichkeiten. Allerdings sind die Trennlinien zwischen diesen Typen von Verträgen nicht so scharf, so dass manche Autoren eher raten, breit nach diversen Inhalten zu fragen, ohne bestimmte Vertragstypen im Auge zu haben (Conway & Briner, 2005).

Neue und traditionelle Inhalte erfragen

Eine andere Art der Unterscheidung von Vertragsinhalten betrifft die in Kapitel 1.3 behandelten traditionellen versus durch Arbeitsflexibilisierung eingeführten neuen Inhalte. Dann werden oft, wie in Tabelle 1 (S. 10) gezeigt, Aspekte wie Arbeitsplatzsicherheit, Förderung von Arbeitsmarktfähigkeit und vertikale versus horizontale Laufbahnmodelle erfragt. Ein interessantes Beispiel, das zeigt, dass auch diese Unterscheidung nicht im Sinne eines Entweder-oder verstanden werden sollte, ist in Abbildung 5 aufgeführt. Die dargestellten Daten stammen aus einer Befragung bei Beschäftigten in der Schweiz (Grote & Staffelbach, 2010) und legen dar, dass in der Schweiz ein Grundverständnis des psychologischen Vertrags vorherrschend zu sein scheint, das Elemente eines traditionellen und eines neuen Vertrags enthält und in dem Loyalität und Eigenverantwortung sehr hoch bewertet werden. Leider gibt es keine vergleichbaren Daten aus Deutschland, da in den vorliegenden deutschen Untersuchungen jeweils andere Vertragsinhalte erfasst wurden oder gar keine Unterscheidung zwischen verschiedenen Vertragsinhalten vorgenommen wurde.

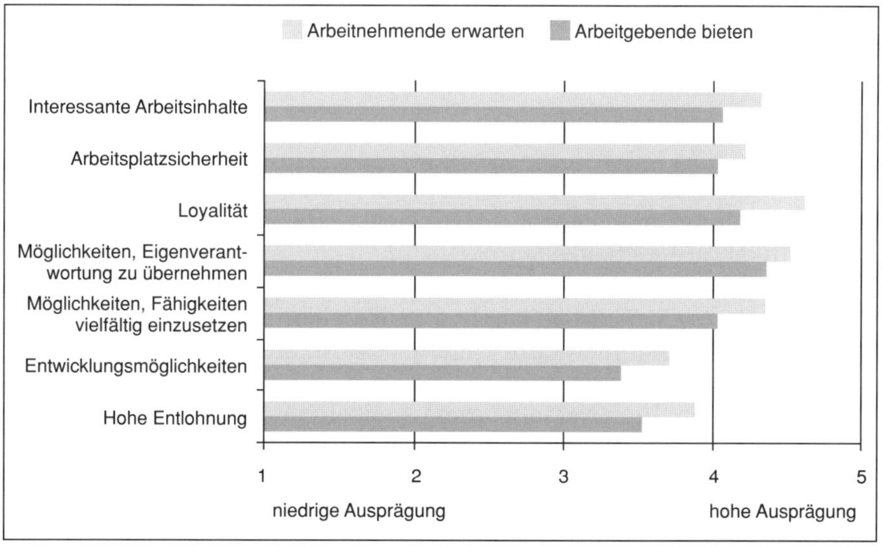

Abbildung 5:
Aussagen zum psychologischen Vertrag bei Beschäftigten in der Schweiz (adaptiert aus Grote & Staffelbach, 2010)

3.2 Fragebogen zur Analyse des psychologischen Vertrags

Fragebogen-instrument

Wie bereits beschrieben, kann der psychologische Vertrag auf verschiedene Arten erfasst werden, je nachdem, worauf der Schwerpunkt in der Erhebung gelegt werden soll, z. B. bezüglich der einzubeziehenden Inhalte und Perspektiven. Nachfolgend werden ein mögliches Erhebungsinstrument und Möglichkeiten seines Einsatzes detaillierter beschrieben. Der Fragebogen zu Erwartungen und Angeboten als Teil des psychologischen Vertrags (Grote & Raeder, 2003; Raeder & Grote, 2004) wurde in Mitarbeiterbefragungen eingesetzt. Er ist relativ kurz und deckt doch viele verschiedene Vertragsinhalte ab. Mit einer kurzen Instruktion werden zwei Listen von Vertragsinhalten aus Sicht der Mitarbeitenden und der Vorgesetzten abgefragt, so dass die Erwartungen der Mitarbeitenden mit den Angeboten des Unternehmens und die Angebote der Mitarbeitenden mit den Erwartungen des Unternehmens verglichen werden können. Der vollständige Fragebogen ist auf einer der beiden Einsteckkarten abgedruckt.

Instruktion

In den folgenden Fragen geht es um Erwartungen, die Sie an Ihren Arbeitgeber haben und die Ihr Arbeitgeber an Sie stellt. Es handelt sich um Erwartungen, die Sie aus Gesprächen und Vereinbarungen mit Vorgesetzten oder Beobachtungen von Ereignissen im Unternehmen abgeleitet haben. Außerdem werden Sie nach den entsprechenden Angeboten gefragt.

Erwartungen Mitarbeitende und Angebote Unternehmen

Ich erwarte vom Unternehmen …/Das Unternehmen bietet mir …
- Identifikationsmöglichkeiten,
- Loyalität,
- Arbeitsplatzsicherheit und langfristige Beschäftigung,
- Gestaltung einer förderlichen Unternehmenskultur,
- Interessante Arbeitsinhalte,
- Möglichkeiten, Eigenverantwortung zu übernehmen,
- eine breite Palette von Fähigkeiten mit vielfältigen Einsatzmöglichkeiten,
- Entwicklungsperspektive im Unternehmen,
- Aufstiegsmöglichkeiten,
- Unterstützung meiner Arbeitsmarktfähigkeit.

Angebote Mitarbeitende und Erwartungen Unternehmen

Ich biete dem Unternehmen .../Das Unternehmen erwartet von mir ...
- Loyalität,
- Identifikation mit der Arbeitstätigkeit,
- Eigenverantwortung in meiner Arbeitstätigkeit,
- ziel- und leistungsorientierte Arbeitsweise
- Mobilität
- zeitliche Flexibilität
- Bereitschaft, Unsicherheit zu akzeptieren
- Spezialisierung
- Arbeitsmarktfähigkeit
- Eigenverantwortung für meine berufliche Entwicklung.

Für die Analyse können die Werte einer Spalte jeweils aufsummiert werden, um einen Überblick über das Ausmaß erfüllter bzw. nicht erfüllter Erwartungen zu erhalten. Es können auch die in Tabelle 6 benannten inhaltlichen Skalen unterschieden und die Werte der einzelnen Fragen entsprechend zusammengefasst werden.

In der Analyse der Ergebnisse interessiert zunächst der Vergleich zwischen den befragten Perspektiven, dargestellt durch die schattierten Flächen in den Abbildungen 6 und 7. Die Ergebnisse von zwei befragten Unternehmen zeigen beispielhaft auf, wie Mitarbeitende ihren psychologischen Vertrag einschätzen und in welchem Unternehmenskontext diese Einschätzung zustande kommt.

Übereinstimmung im psychologischen Vertrag

Bei Unternehmen 1 handelt es sich um eine Softwarefirma mit ca. 70 Mitarbeitenden zur Zeit der Befragung. Die Aktienanteile des Unternehmens werden nicht an der Börse gehandelt, sondern unter den Mitarbeitenden. Die Mitarbeitenden sind über den Geschäftsverlauf informiert und können bei wichtigen Entscheidungen mitbestimmen. Beispielsweise stimmt das ganze Unternehmen jährlich über die von der Geschäftsleitung vorgelegte Bonusverteilung ab. In der Wahrnehmung des psychologischen Vertrags aus Sicht der Mitarbeitenden spiegelt sich diese Funktionsweise des Unternehmens wider. Beide Vertragspartner fühlen sich gut über die Annahmen des Gegenübers informiert und stimmen auch in ihrer Sichtweise des psychologischen Vertrags überein (vgl. Abbildungen 6 und 7). Interviews mit der Geschäftsleitung und zwei Projektleitern bestätigten dies.

Unterschiedliche Sichtweisen

Unternehmen 2 ist ein Dienstleistungsunternehmen aus der Informatik- und Kommunikationsbranche. Das Unternehmen wurde in den letzten 15 Jahren stark reorganisiert und viele Arbeitsplätze wurden abgebaut. Die Abbildungen 6 und 7 zeigen, dass die Erwartungen der Mitarbeitenden weit über den Angeboten des Arbeitgebers liegen, vor allem im Hinblick auf Sicherheit

Tabelle 6:
Skalen des Fragebogens zur Analyse des psychologischen Vertrags (Grote & Raeder, 2003)

Skalen	Fragebogenitems
Mitarbeitender erwartet/Arbeitgeber bietet	
Sicherheit und Bindung	Identifikationsmöglichkeiten Loyalität Arbeitsplatzsicherheit und langfristige Beschäftigung Gestaltung einer förderlichen Unternehmenskultur
Unterstützung für Kompetenzentwicklung	Interessante Arbeitsinhalte Möglichkeiten, Eigenverantwortung zu übernehmen eine breite Palette von Fähigkeiten mit vielfältigen Einsatzmöglichkeiten
Unterstützung für Laufbahnentwicklung	Entwicklungsperspektive im Unternehmen Aufstiegsmöglichkeiten Unterstützung meiner Arbeitsmarktfähigkeit
Mitarbeitender bietet/Arbeitgeber erwartet	
Loyalität und Leistung	Loyalität Identifikation mit der Arbeitstätigkeit Eigenverantwortung in meiner Arbeitstätigkeit ziel- und leistungsorientierte Arbeitsweise
Flexibilität	Mobilität zeitliche Flexibilität Bereitschaft, Unsicherheit zu akzeptieren
Eigenverantwortung für Kompetenz- und Laufbahnentwicklung	Spezialisierung Arbeitsmarktfähigkeit Eigenverantwortung für meine berufliche Entwicklung

und Bindung. Die Mitarbeitenden glauben eher, die Erwartungen des Arbeitgebers zu erfüllen. Sie bieten einzig weniger Flexibilität, als dies der Arbeitgeber erwartet. In Interviews bestätigten die zehn befragten Führungskräfte diese Ergebnisse. Zum einen meinten die Führungskräfte, sei der psychologische Vertrag nicht mehr gerecht, da die Mitarbeitenden in einer schwächeren Position seien und interessante Stellenangebote zur Zeit der Befragung auf dem Arbeitsmarkt fehlten. Zum anderen stellten die Führungskräfte die

Kommunikation zwischen verschiedenen Hierarchieebenen als schwierig dar. Sie selbst hatten einen Informationsvorsprung, da sie manche Informationen nicht weitergeben durften und andere nicht weitergeben wollten.

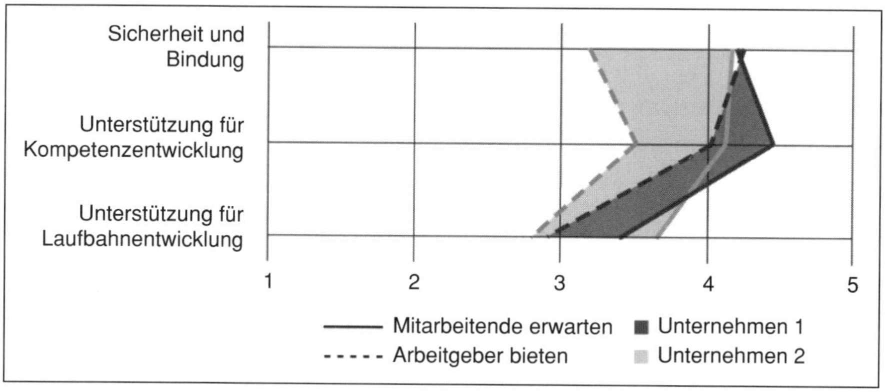

Abbildung 6:
Erwartungen der Mitarbeitenden und Angebote des Arbeitgebers in Unternehmen 1 und 2 (Sicht der Mitarbeitenden; 1 = trifft gar nicht zu, 5 = trifft vollständig zu)

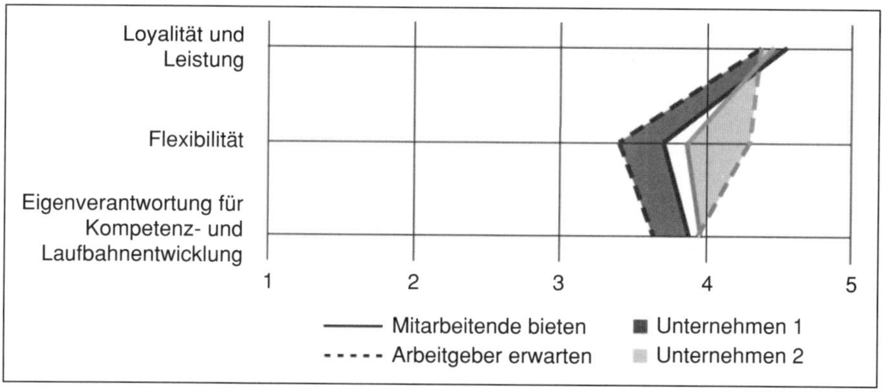

Abbildung 7:
Angebote der Mitarbeitenden und Erwartungen des Arbeitgebers in Unternehmen 1 und 2 (Sicht der Mitarbeitenden; 1 = trifft gar nicht zu, 5 = trifft vollständig zu)

3.3 Analyse des psychologischen Vertrags im Rahmen von Mitarbeitergesprächen

Ergänzend zu breit angelegten Mitarbeiterbefragungen sollten immer auch bilateral zwischen Mitarbeitenden und ihren direkten Vorgesetzten gegenseitige Erwartungen und Angebote angesprochen, verglichen und wenn nötig Maßnahmen abgeleitet werden. Dies wird am besten in bestehende Führungsinstrumente integriert, zum Beispiel in Mitarbeitergespräche (vgl. Hossiep, Bittner & Berndt, 2008) im Rahmen der Führung mit Zielvereinbarung (vgl. z.B. Schmidt & Kleinbeck, 2006). Bei diesem Vorgehen sollte die Analyse des psychologischen Vertrags sehr direkt in eine Bewertung von Problembereichen und Ableitung von Maßnahmen überführt werden. Daher wird auch die Analyse hier nicht separat behandelt, sondern integriert in ein konkretes Vorgehen zur systematischen Gestaltung von psychologischen Verträgen in Kapitel 4.1.

3.4 Maßnahmenempfehlung

Sechs Maßnahmenbündel

Um eine systematische Gestaltung des psychologischen Vertrags zu unterstützen, werden sechs Schritte bzw. Maßnahmenbündel vorgeschlagen:

1. Definition von Inhalten und Art des psychologischen Vertrags als Teil des Employer Branding,
2. Kohärente Kommunikation von Unternehmensangeboten und -erwartungen in allen Phasen der Beschäftigungsbeziehung,
3. Möglichkeiten für die Verhandlung und Anpassung von Vertragsinhalten
4. Unternehmensseitige Verhandlungspartner mit klaren Kompetenzen,
5. Gestaltung psychologischer Verträge als Teil des Anreizsystems für Vorgesetzte,
6. Instrumente für die kontinuierliche Beobachtung von Passung und Veränderung von Vertragsinhalten.

Diese sechs Maßnahmenbündel werden im Folgenden ausführlicher beschrieben.

3.4.1 Definition von Inhalten und Art des psychologischen Vertrags als Teil des Employer Branding

Definition der Inhalte

Diese erste Aufgabe, Inhalt und Art des psychologischen Vertrags aus Perspektive des Unternehmens zu definieren, ist eine auch strategisch für das Unternehmen sehr wichtige, da Grundlagen der Beschäftigungsbeziehung definiert werden. Hinsichtlich der Inhalte sind so grundsätzliche Fragen zu beantworten wie:

– *Wie soll das Beschäftigungsrisiko zwischen Unternehmen und Mitarbeitenden verteilt werden?*
  Dazu gehören weitere Fragen wie: Wie viel Arbeitsplatzsicherheit kann und will das Unternehmen bieten? Was wird statt Sicherheit geboten, um Mitarbeiterbindung zu erreichen? Wie viel Eigenverantwortung wird von den Mitarbeitenden erwartet? Ist Arbeitsmarktfähigkeit eine Verantwortung des Unternehmens und/oder der Mitarbeitenden?

- *Welchen Grundcharakter soll der soziale Austausch zwischen Unternehmen und Mitarbeitenden haben?*
  Dazu gehören weitere Fragen wie: Ist ein ökonomisch basierter Austausch angestrebt, bei dem es vor allem um materielle Erwartungen und Angebote geht? Oder ist eine über materielle Dinge hinausgehende Beziehung zwischen Unternehmen und Mitarbeitenden gewünscht, die auch emotionale Werte wie Loyalität und persönliche Identifikation enthält?

Formaler vs. psychologischer Vertrag

Schließlich ist eine ganz zentrale Frage, welcher Teil der Beschäftigungsbeziehung durch juristisch bindende Vereinbarungen definiert werden und welcher Teil in den psychologischen Vertrag eingehen soll. Unternehmensseitige Angebote für Weiterbildung beispielsweise können juristisch verbindlich festgelegt werden, sei es im Umfang (z. B. x Tage/Jahr) oder auch in der Art (z. B. Unterstützung auch nicht direkt tätigkeitsrelevanter Kurse). Sie können aber auch nur durch eine kurze Erwähnung bei Einstellungs- und Mitarbeitergesprächen kommuniziert werden, dass von Unternehmensseite die grundsätzliche Bereitschaft besteht, Weiterbildungsanstrengungen der Mitarbeitenden zu unterstützen. Da juristische Abmachungen weniger Flexibilität zulassen, neigen viele Unternehmen dazu, bzgl. ihrer eigenen Angebote möglichst viel dem psychologischen Vertrag zu überlassen mit der Gefahr, dass bei den Mitarbeitenden falsche oder übersteigerte Erwartungen entstehen. Umgekehrt muss aber auch erwähnt werden, dass die Flexibilität, die der psychologische Vertrag zulässt, auch aus Sicht der Mitarbeitenden sehr wünschbar sein kann, da dadurch eher individuelle Unterschiede in Interessen und Bedürfnissen berücksichtigt werden können. Wichtig ist vor allem, dass die Entscheidung, welche Inhalte von Angeboten und Erwartungen wie in der Beschäftigungsbeziehung festgelegt werden sollen, möglichst bewusst gefällt und systematisch umgesetzt wird.

Art des psychologischen Vertrags

Neben den Inhalten ist auch über verschiedene Aspekte der Art des psychologischen Vertrags zu entscheiden (vgl. Kapitel 2). Wie langfristig soll er definiert werden, wie leicht oder schwer veränderbar soll er sein, sollte möglichst ein Vertrag für alle gelten oder werden individuelle Unterschiede zugelassen oder sogar gefördert? Auch hier gilt, dass es nicht grundsätzlich bessere und schlechtere Arten von Verträgen gibt, sondern es vor allem darum geht, von Unternehmensseite möglichst bewusste Entscheide zu treffen.

Insgesamt sollte allen im Unternehmen klar sein, wofür das Unternehmen steht, sowohl bzgl. der Erwartungen an die Mitarbeitenden als auch bzgl. der Angebote. Dadurch wird die personalpolitische „Marke" des Unternehmens definiert, die Orientierung für die bestehenden Mitarbeitenden bietet und im Sinne des Employer Branding auch die Attraktivität des Unternehmens für potenzielle neue Mitarbeitende bestimmt. Es kann eingewendet werden, dass sehr explizite Angebote und Erwartungen eigentlich nicht mehr der Grundidee eines psychologischen Vertrags entsprechen, wenn dieser als im Kern implizit und unausgesprochen verstanden wird (Conway & Briner, 2005). Aus unserer Sicht bleiben auch ausdrückliche Angebote und Erwartungen Teil eines psychologischen Vertrags, solange sie nicht formal-juristisch, sondern nur als Teil der sozialen Austauschbeziehung einklagbar sind. Zu erwähnen ist allerdings auch, dass einige Untersuchungen (z. B. Tekleab & Taylor, 2003) gezeigt haben, dass mit größerer Explizitheit des psychologischen Vertrags die Gefahr des erlebten Vertragsbruchs steigt. Dies ist nicht verwunderlich, wenn man bedenkt, dass je klarer Angebote und Erwartungen kommuniziert werden, desto einfacher überprüfbar wird, ob sie der Realität entsprechen. Im Sinne einer respektvollen und ehrlichen Beschäftigungsbeziehung ist aber gerade das anzustreben.

3.4.2 Kohärente Kommunikation von Unternehmensangeboten und -erwartungen in allen Phasen der Beschäftigungsbeziehung

Direkte Kommunikation mit Mitarbeitenden

Die Unternehmensangebote und -erwartungen sollten von Anfang an und durch alle Phasen der Beschäftigungsbeziehung hindurch möglichst konsistent kommuniziert werden. Dies beginnt bei der *Rekrutierung* neuer Mitarbeitender, wofür die definierte „Marke" des Unternehmens in allen Informationsmaterialien durchgängig präsentiert werden sollte. In *Einstellungsgesprächen* sollte von allen unternehmensseitig Beteiligten wiederum konsistent informiert werden. Dies ist nicht immer einfach, denn die Versuchung, auch einmal eine zumindest vage Andeutung eines eigentlich nicht vorgesehenen Angebots zu machen, um einen Wunschkandidaten zu überzeugen, ist groß. Besonders in großen Unternehmen folgt nach der Einstellung ein teilweise mehrmonatiger *„On-Boarding"-Prozess*, der sehr zentral ist dafür, wie sich neue Mitarbeitende in das Unternehmen einfügen und was sie als wesentliche Elemente des psychologischen Vertrags sehen. Hierbei ist also auch wieder große Vorsicht geboten, dass konsistent kommuniziert wird. Während der weiteren Beschäftigung im Unternehmen sind vor allem *Beurteilungs- und Entwicklungsgespräche* von großer Bedeutung für Kommunikation und Verhandlung über den psychologischen Vertrag, was nochmals im Maßnahmenbündel 3 aufgenommen wird. Schließlich sollte in jedem *Austrittsgespräch* auch besprochen werden, inwieweit und warum Erwartungen und Angebote nicht zusammengepasst haben.

Kommunikation in Veränderungsprozessen

Daneben sind auch organisationale Veränderungsprozesse und ihre Folgen für die Definition des psychologischen Vertrags sehr systematisch zu evaluieren. Änderungen in Inhalt und Art des psychologischen Vertrags, aber auch das Gleichbleiben des Vertrags trotz sonstiger Änderungen sind möglichst frühzeitig zu kommunizieren, um Gerüchten und Ängsten vorzubeugen und das Fundament der Beschäftigungsbeziehung nicht zu gefährden.

3.4.3 Möglichkeiten für die Verhandlung und Anpassung von Vertragsinhalten

Anpassung von Vertragsinhalten

Sowohl von Unternehmensseite als auch vonseiten der Mitarbeitenden kann das Bedürfnis oder die Notwendigkeit entstehen, Anpassungen bzgl. der je eigenen Angebote und Erwartungen vorzunehmen. Unternehmensseitig sollte dies ähnlich wie in Prozessen der Leitbilderstellung als gut durchstrukturierter Prozess mit ausreichenden Möglichkeiten für Information und Partizipation der Mitarbeitenden erfolgen. Von Mitarbeiterseite ist jedes Mitarbeitergespräch ein guter Anlass, Vertragsinhalte zu diskutieren. Dies setzt aber voraus, dass sich Mitarbeitende mit ihren eigenen Erwartungen und Angeboten auseinandersetzen und Änderungen bzw. nicht erfüllte Erwartungen oder verweigerte Angebote klar kommunizieren können.

Wie viel Raum für sogenannte „i-deals" oder individuelle „deals" (Hornung et al., 2009) gegeben wird, ist vom Unternehmen zu definieren und durchgängig umzusetzen (vgl. Maßnahmenbündel 1). In jedem Fall zu vermeiden ist, dass Möglichkeiten für die individuelle Anpassung von Verträgen nach Belieben einzelner Vorgesetzter erfolgen können.

3.4.4 Unternehmensseitige Verhandlungspartner mit klaren Kompetenzen

Verhandlungspartner

Zunächst muss für Mitarbeitende klar sein, wer ihr Verhandlungspartner bzgl. des psychologischen Vertrags ist. Sind dies Vertreter der Personalabteilung, Linienvorgesetzte und/oder speziell bestimmte Ombudspersonen? Unter Umständen werden mehrere mögliche Verhandlungspartner vorhanden sein, die sich untereinander aber sehr gut koordinieren müssen, um die Kohärenz der unternehmensseitigen Position zu wahren und sich auch nicht gegeneinander ausspielen zu lassen. Gerade wenn individuelle Anpassungen des psychologischen Vertrags im Unternehmen zugelassen sind, muss außerdem klar definiert werden, wer welche Verhandlungsmacht hat. Darf eine Vorgesetzte im Gespräch mit einem Mitarbeiter eine Weiterbildungsvereinbarung treffen, die weit über das im Personalleitbild generell vorgesehene Maß hinausgeht? Mit wem wäre diese Entscheidung allenfalls abzusprechen? Von wem und wie sollte diese Entscheidung auch an andere Mitarbeitende kommuniziert werden, damit nicht der Eindruck von Willkür entsteht?

3.4.5 Gestaltung psychologischer Verträge als Teil des Anreizsystems für Vorgesetzte

Vertragsgestaltung als Teil der Führung

Die systematische Gestaltung des psychologischen Vertrags ist keine einfache Aufgabe und stellt für die sowieso schon oft überbelasteten Vorgesetzten schnell eine weitere lästige Pflicht dar. Damit dies nicht passiert, ist einerseits sicherzustellen, dass die Vorgesetzten ausreichende Unterstützung bei dieser Aufgabe erhalten, sei es durch bestimmte Instrumente wie z. B. mit Blick auf die Gegenseitigkeit von Erwartungen und Angeboten angepasste Dokumente für Beurteilungsgespräche, sei es durch gezielte Trainings beispielsweise im offenen Umgang mit enttäuschten Erwartungen.

Andererseits kann die Erwartung an die Vorgesetzten, tragfähige psychologische Verträge mit ihren Mitarbeitenden aufzubauen und zu erhalten, als Teil ihres eigenen psychologischen Vertrags aufgefasst werden. Dessen Einhaltung sollte im Rahmen der unternehmensinternen Anreizsysteme zusätzlich unterstützt werden, indem zum Beispiel Zielvereinbarungen mit den Vorgesetzten auch die Überprüfung und nötigenfalls Anpassung der psychologischen Verträge ihrer Mitarbeitenden enthalten.

3.4.6 Instrumente für die kontinuierliche Beobachtung von Passung und Veränderung von Vertragsinhalten

Kontinuierliche Beobachtung

Die kontinuierliche Beobachtung des Zustandes der psychologischen Verträge im Unternehmen sollte mit Hilfe periodischer Befragungen erfolgen, wozu die im Kapitel 3.1 beschriebenen Instrumente genutzt werden können. Zusätzlich sollten alle Informations- und Gesprächsanlässe auf Unternehmensebene wie auch in den direkten Führungsbeziehungen auch aus Perspektive der Vermittlung und Überprüfung psychologischer Verträge vorbereitet und durchgeführt werden. Zum Vorgehen werden in Kapitel 4 viele konkrete Hinweise gegeben.

3.5 Abschließende Überlegungen zur Gestaltung psychologischer Verträge

Zum Schluss soll noch einmal wiederholt werden, was im Kapitel 1.2 zu sozialen Austauschbeziehungen ausgeführt wurde, damit nach all den fast technischen Details zur Gestaltung solcher Beziehungen das Wesentliche solcher Beziehungen nicht aus dem Blick gerät.

Der erste wesentliche Punkt betrifft die Gegenseitigkeit des sozialen Austauschs. Anders als im ökonomisch bestimmten Austausch, bei dem die gegenseitigen Verpflichtungen wie auch die Methoden ihrer Einklagbarkeit explizit definiert sind, beinhaltet der soziale Austausch vagere Abmachungen, die erst durch das wachsende Vertrauen in die gegenseitige Bereitschaft, sie auch einzuhalten, gefestigt werden. Unternehmensvertreter und Mitarbeitende sind beide gefordert, dieses Vertrauen durch Ernsthaftigkeit, Respekt und Integrität aufzubauen und zu erhalten. Das technische Abarbeiten von Vorgaben zur Definition, Überwachung und Anpassung psychologischer Verträge kann dieses Vertrauen nicht ersetzen, wenn es auch im Sinne der Förderung von Transparenz und Kohärenz eine wichtige Unterstützung bietet.

Gegenseitigkeit

Der zweite wesentliche Punkt betrifft die erlebte Gerechtigkeit des Austauschs. Dazu gehört die Verteilungs-, Verfahrens-, interpersonale und informationale Gerechtigkeit, die miteinander dafür sorgen, dass für alle transparent und nachvollziehbar ist, warum in der Beschäftigungsbeziehung wer wie viel und mit welcher Legitimation gibt und nimmt.

Gerechtigkeit

4 Vorgehen bei der systematischen Gestaltung psychologischer Verträge

Im Folgenden werden konkrete Vorgehensweisen für die in Kapitel 3.4 benannten Maßnahmenbündel vorgestellt. Dabei wird zum einen auf die direkte Führungsbeziehung zwischen Mitarbeitenden und ihren Vorgesetzten eingegangen, die im Zusammenhang mit den Maßnahmenbündeln 2 (Kohärente Kommunikation von Unternehmensangeboten und -erwartungen in allen Phasen der Beschäftigungsbeziehung) und 3 (Möglichkeiten für die Verhandlung und Anpassung von Vertragsinhalten) zentral ist. Zum anderen wird die Kommunikation unternehmensseitiger Erwartungen und Angebote über alle Kommunikationskanäle des Unternehmens hinweg betrachtet, was wichtig ist für Maßnahmenbündel 1 (Definition von Inhalten und Art des psychologischen Vertrags als Teil des Employer Branding) und 2 (Kohärente Kommunikation von Unternehmensangeboten und -erwartungen in allen Phasen der Beschäftigungsbeziehung).

Hinsichtlich der Maßnahmenbündel 4 (Unternehmensseitige Verhandlungspartner mit klaren Kompetenzen) und 5 (Gestaltung psychologischer Verträge als Teil des Anreizsystems für Vorgesetzte) sind insbesondere organisatorische Regelungen zu treffen, die hier nicht im Detail behandelt werden, da sie recht eindeutig und direkt umsetzbar sind. Das Maßnahmenbündel 6

(Instrumente für die kontinuierliche Beobachtung von Passung und Veränderung von Vertragsinhalten) beinhaltet vor allem die regelmäßige Nutzung von Analyseinstrumenten, wie sie in Kapitel 3 vorgestellt wurden, weshalb hier auch nicht noch einmal gesondert darauf eingegangen wird.

4.1 Überprüfung gegenseitiger Erwartungen und Angebote in der Führungsbeziehung

Rolle der Führungsbeziehung

Kern der Beziehung zwischen Mitarbeitenden und Unternehmen sind aus Sicht des psychologischen Vertrags gegenseitige Erwartungen und Angebote. In Kapitel 3 wurde beschrieben, wie diese Erwartungen und Angebote im Rahmen von Mitarbeiterbefragungen und durch Interviews bei Vertretern der Unternehmensseite generell für ein Unternehmen erfragt werden können und welche Rückschlüsse und Maßnahmen aus solchen Erhebungen ableitbar sind. Solche Untersuchungen lassen aber nur begrenzt Rückschlüsse auf individuelle Führungsbeziehungen der Mitarbeitenden zu. Ergänzend sollten deshalb immer auch bilateral zwischen Mitarbeitenden und ihren direkten Vorgesetzten gegenseitige Erwartungen und Angebote angesprochen, verglichen und wenn nötig Maßnahmen abgeleitet werden. Auch sollten verschiedene Quellen für die Information zu individuellen Erwartungen und Angeboten genutzt werden. Insbesondere können dies gegenseitige Beurteilungen der Führungsbeziehung im Allgemeinen und der Arbeitszufriedenheit sein. Im Folgenden werden zunächst diese beiden Themen etwas ausführlicher behandelt, bevor ein konkretes Vorgehen vorgeschlagen und ein Fallbeispiel dargestellt wird.

4.1.1 Das „Leader-Member-Exchange (LMX)"-Modell der Führungsbeziehung

Individuelle Austauschbeziehungen zwischen Führungsperson und Mitarbeitenden

Die Grundannahme des LMX-Ansatzes ist es, dass Führende und Mitarbeitende bilaterale Beziehungen zueinander aufbauen, die auf einem gegenseitigen Austausch basieren (vgl. Felfe, 2009). Jede Führungsperson hat demzufolge individuelle Austauschbeziehungen mit jedem einzelnen Mitarbeiter und jeder einzelnen Mitarbeiterin. In vielfältigen Untersuchungen ist wiederholt nachgewiesen worden, dass die wahrgenommene Qualität dieser individuellen Führungsbeziehungen mit einer Reihe wichtiger Ergebnisvariablen wie Leistung, Fluktuation, Arbeitszufriedenheit, Commitment, Organisationsklima und Gerechtigkeit in Zusammenhang steht (Graen & Uhl-Bien, 1995).

LMX als Austausch

Der LMX-Ansatz eignet sich grundsätzlich sehr gut, um die aktive Gestaltung des psychologischen Vertrags in die Führungsbeziehung einzubinden. Dies wird bereits deutlich in einer der ersten Beschreibungen dieses Ansatzes: „... members who have a high quality exchange ... have been selected by the supervisor because she/he feels that they can be trusted in dealing with responsibilities going beyond the formal employment contract. A non-written interpersonal contract seems to be negotiated between the leader and the preferred subordinate(s)" (Liden & Graen, 1980, S. 464). Hier klingt allerdings an, dass nur diejenigen Mitarbeitenden in einen psychologischen Vertrag eingebunden werden, die eine positive Austauschbeziehung haben. Dies widerspricht der Annahme, dass immer implizite oder psychologische Verträge existieren, deren Inhalte sich aber unterscheiden können. Bisher ist die Beziehung zwischen LMX und verschiedenen Inhalten des psychologischen Vertrags noch nicht untersucht worden (Shore, Porter & Zahra, 2004).

Das Augenmerk in der LMX-Forschung ist grundsätzlich nicht auf die Inhalte des Austausches in der Führungsbeziehung gerichtet, sondern darauf, ob der Austausch von beiden Parteien als angemessen wahrgenommen wird. Dies ist mit dem psychologischen Vertrag in Verbindung gebracht worden, indem untersucht wurde, wie sich eine wahrgenommene Verletzung des psychologischen Vertrags auf die Führungsbeziehung aus Sicht des LMX-Ansatzes auswirkt und wie dies wiederum Leistung und freiwilliges Arbeitsengagement beeinflusst. Es zeigte sich, dass LMX ein wichtiger Moderator zwischen Vertragsbruch und Verhalten ist und tendenziell die Wirkung des Vertragsbruchs noch verstärkt, da Personen mit positiver Wahrnehmung der Führungsbeziehung besonders stark mit negativem Verhalten zu reagieren scheinen (Restubog, Bordia, Krebs & Tang, 2005).

LMX-Fragebogen

Instrumente zur Messung der Führungsbeziehung aus Perspektive LMX beinhalten vor allem allgemeine Beschreibungen der Qualität der Führungsbeziehung (vgl. Tabelle 7 für ein Beispiel eines deutschsprachigen LMX-Fragebogens von Schyns, 2002), ohne auf konkrete Inhalte des sozialen Austauschs einzugehen. Solche Instrumente können aber trotzdem sehr nützlich sein als Einstieg in ein Mitarbeitergespräch zu gegenseitigen Erwartungen und Angeboten. Sinnvollerweise wird dazu der Fragebogen sowohl von der/dem Vorgesetzten sowie dem Mitarbeitenden vorgängig ausgefüllt und die Antworten dann im gemeinsamen Gespräch verglichen und diskutiert.

Transaktionale vs. transformationale Führung

In neuerer Zeit sind auch Versuche unternommen worden, die inhaltliche Ausgestaltung der Austauschbeziehung näher zu betrachten. Dazu ist insbesondere das Konzept der transformationalen versus transaktionalen Führung (Bass, 1990) herangezogen worden. *Transaktionale Führung* beruht auf dem rationalen und instrumentellen Austausch zwischen Vorgesetzten und Mitarbeitenden, indem Zielerreichung durch die Mitarbeitenden systematisch durch materielle und immaterielle Gegenleistungen belohnt wird, die explizit so gewählt werden, dass sie den Wünschen der Mitarbeitenden entsprechen. Was genau diese Leistungen und Gegenleistungen sind, ist

Tabelle 7:
Fragebogen zur Einschätzung der Führungsbeziehung aus Sicht der Mitarbeitenden (adaptiert aus Schyns, 2002)

Wissen Sie im Allgemeinen, wie Ihr/e Vorgesetzte/r Sie einschätzt?	nie	selten	gelegent-lich	oft	immer
Wie gut versteht Ihr/e Vorgesetzte/r Ihre beruflichen Probleme und Bedürfnisse?	gar nicht	wenig	mittel-mäßig	gut	sehr gut
Wie gut kennt Ihr/e Vorgesetzte/r Ihre Entwicklungsmöglichkeiten?	gar nicht	wenig	mittel-mäßig	gut	sehr gut
Wie hoch ist die Chance, dass Ihr/e Vorgesetzte/r ihren/seinen Einfluss nutzt, um Ihnen bei Arbeitsproblemen zu helfen?	gering	eher gering	mittel	eher hoch	hoch
Wie groß ist die Wahrscheinlich-keit, dass Ihr/e Vorgesetzte Ihnen auf ihre/seine Kosten „aus der Patsche" hilft?	gering	eher gering	mittel	eher hoch	hoch
Ich habe genügend Vertrauen in meine/n Vorgesetzte/n, um ihre/seine Entscheidungen zu verteidigen.	trifft gar nicht zu	trifft wenig zu	trifft mittel-mäßig zu	trifft überwie-gend zu	trifft völlig zu
Wie würden Sie das Arbeitsver-hältnis mit Ihrer/m Vorgesetzten beschreiben?	sehr ineffektiv	schlechter als durch-schnittlich	durch-schnittlich	besser als durch-schnittlich	sehr effektiv

individuell zu vereinbaren und entsprechend auch individuell verschieden. Die *transformationale Führung* beinhaltet demgegenüber ein stärker an den durch den Vorgesetzten vermittelten Visionen und Missionen ausgerichtetes Verhalten der Mitarbeitenden. Statt Eigeninteressen in die Austauschbeziehung einzubringen, orientieren sich die Mitarbeitenden an den durch den Vorgesetzten verkörperten Werten und ordnen die eigenen Interessen diesen unter. Im Gegenzug vermittelt aber ein transformational führender Vorgesetzter oder eine Vorgesetzte neben Charisma, Inspiration und geistiger Anregung auch individuelle Wertschätzung, z. B. durch Anerkennung und Berücksichtigung der Fähigkeiten, Bedürfnisse und Interessen der Mitarbeitenden. Während bei der transaktionalen Führung angenommen wird, dass die Qualität der Führungsbeziehung durch möglichst gute Passung zwischen individuellen und vorgesetzten-/organisationsseitigen Erwartungen und Angeboten bestimmt wird, ist der Kern der transformationalen Führung eine emotionale, durch Loyalität, Anerkennung, Respekt und geteilte Werte getragene Beziehung.

Aus der Perspektive des LMX-Ansatzes beginnt eine Führungsbeziehung als zunächst meist eher materiell basierte Austauschbeziehung im Sinne der transaktionalen Führung. Mit zunehmender Intensität und Reife der Beziehung wird daraus aber ein weit umfassenderer sozialer Austausch, der eher der transformationalen Führung entspricht, immer vorausgesetzt, dass es eine sich erfolgreich entwickelnde Führungsbeziehung ist (Graen & Uhl-Bien, 1995). In einer neueren Untersuchung konnte für eine chinesische Stichprobe bestätigt werden, dass die Qualität der erlebten Führungsbeziehung gemessen mit einer LMX-Skala die positiven Effekte von transformationaler Führung auf Leistung und freiwilliges Arbeitsengagement vollständig vermittelt (Wang, Law, Hackett, Wang & Chen, 2005). Es wird angenommen, dass diese Effekte auf gegenseitigen Erwartungen an Reziprozität beruhen, die auch Kern des psychologischen Vertrags sind.

Reziprozität in Führungsbeziehung

Hier kann festgehalten werden, dass eine allgemeine Beschreibung der erlebten Führungsbeziehung mit Methoden des LMX-Ansatzes eine gute Möglichkeit darstellt, in die Diskussion über gegenseitige Erwartungen und Angebote zwischen Führenden und Mitarbeitenden einzutreten. Bezüglich der inhaltlichen Ausgestaltung der Führungsbeziehung werden in der entsprechenden Forschung aber nur wenige und auch nicht einheitliche Aussagen gemacht.

4.1.2 Arbeitszufriedenheit

Arbeitszufriedenheit als dynamisches Modell

Arbeitszufriedenheit wird einerseits als Zustand definiert, der aus der Erfüllung von Bedürfnissen resultiert, andererseits auch als allgemeine positive Einstellung gegenüber der eigenen Arbeitssituation (von Rosenstiel, 2003). Insbesondere aus dieser zweiten Sichtweise heraus wird Arbeitszufriedenheit oftmals eindimensional und statisch erfasst als positive bzw. negative Einstellung gegenüber verschiedenen Aspekten der Arbeitstätigkeit und Arbeitsbedingungen. Ein zumindest im deutschsprachigen Raum zunehmend verbreitetes Modell von Arbeitszufriedenheit (Bruggemann, 1976) erfasst Arbeitszufriedenheit demgegenüber als dynamisches, vielschichtigeres Konstrukt. Zwei wesentliche Prozesse für das Zustandekommen von Zufriedenheitsurteilen werden angenommen, die im Folgenden erläutert werden (vgl. auch Abbildung 8).

Soll- vs. Ist-Zustand

Prozess 1: Eine erste grobe Beurteilung der eigenen Zufriedenheit erfolgt aufgrund des Vergleichs eines persönlich angestrebten Soll-Zustands mit dem in der eigenen Arbeitssituation zu einem gegebenen Zeitpunkt tatsächlich vorhandenen Ist-Zustand. Der Soll-Zustand wird auch als Anspruchsniveau beschrieben und kann aus Perspektive des psychologischen Vertrags sowohl Erwartungen als auch eigene Angebote an das Unternehmen beinhalten.

Reaktion auf Diskrepanz

Prozess 2: Nachfolgend werden verschiedene mögliche Reaktionen auf die Feststellung einer bzw. keiner Diskrepanz zwischen Soll und Ist angenommen. Im Fall keiner Diskrepanz kann dies als erstrebenswerter und deshalb möglichst beizubehaltender Zustand erlebt werden (stabilisierte Zufriedenheit) oder aber eine Erhöhung des eigenen Anspruchsniveaus erfolgen (progressive Zufriedenheit). Im Falle einer Diskrepanz kann diese als nicht beeinflussbar (fixierte Unzufriedenheit) oder als durch eine Veränderung der Ist-Situation reduzierbar (konstruktive Unzufriedenheit) erlebt werden. Als dritte Möglichkeit ist auch denkbar, dass die Diskrepanz durch eine Reduktion der eigenen Ansprüche reduziert wird, was subjektiv dann eher zu einem Zufriedenheits- und nicht Unzufriedenheitserleben führt. Es wird aber angenommen, dass durch die Reduktion der eigenen Ansprüche auch ein resignatives Element in die erlebte Zufriedenheit Eingang findet, weshalb von resignativer Zufriedenheit gesprochen wird.

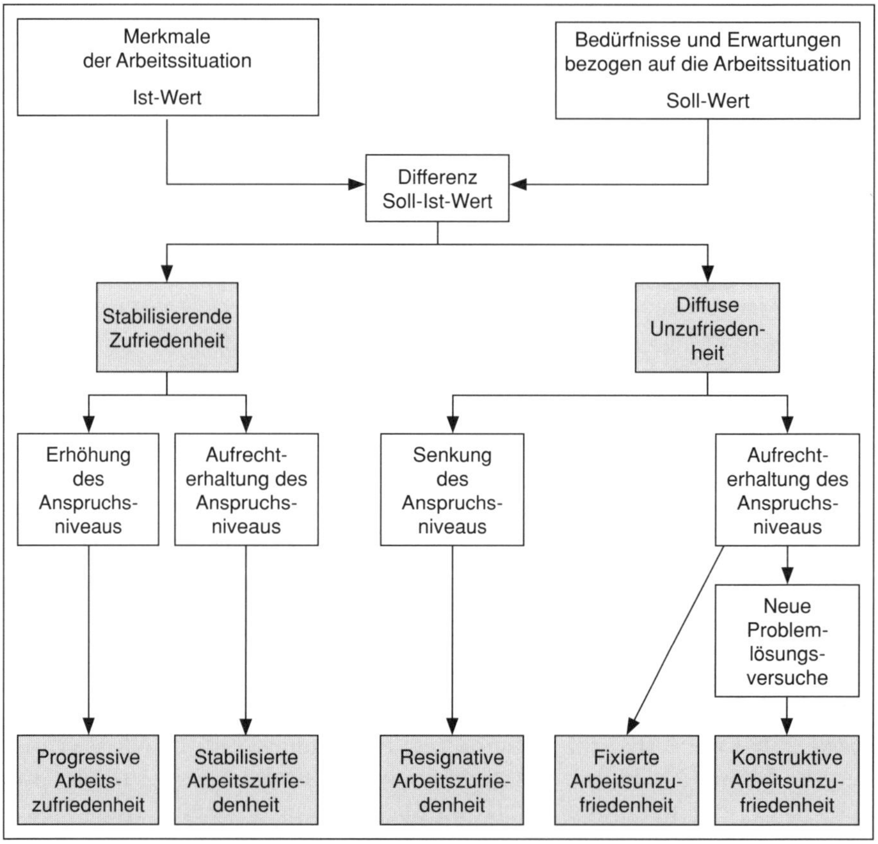

Abbildung 8:
Entstehung verschiedener Typen von Arbeits(un-)zufriedenheit
(in Anlehnung an Bruggemann, Groskurth & Ulich, 1975)

Aus der Beschreibung der Zufriedenheitstypen wird ersichtlich, dass eine Person mehrere der (Un-)Zufriedenheitszustände relativ kurz hintereinander erleben kann, wenn beispielsweise die Veränderungsbemühungen eines konstruktiv Unzufriedenen Erfolg haben, was eine stabilisierte Zufriedenheit erzeugen kann. Unter Umständen führt der Erfolg dann aber auch dazu, dass sogar die Ansprüche erhöht werden im Sinne einer progressiven Zufriedenheit, die aber bei möglicherweise nun überhöhten Ansprüchen, die anschließend wieder nach unten korrigiert werden, in eine resignative Zufriedenheit münden kann.

Dynamik der Arbeitszufriedenheit

Für die Gestaltung von Führungsbeziehungen ist es essenziell, diese Dynamik zu kennen und möglichst in einem positiven Sinn zu beeinflussen. Ein wichtiger Schritt dazu ist es, gegenseitige Erwartungen und Angebote anzusprechen und auf Übereinstimmung zu überprüfen. Zusätzlich sollten aber auch mögliche Veränderungen in Erwartungen und Angeboten erkundet werden. Ist bei einer Mitarbeiterin beispielsweise aufgrund der Mitarbeit in einem für sie sehr lehrreichen Projekt im Moment eher eine stabilisierte oder eine progressive Zufriedenheit festzustellen, dann sind aus dieser Erfahrung Erwartungen entstanden, dass auch in Zukunft immer wieder neuartige Projekte zu bearbeiten sein werden. Wenn die Vorgesetzte schon absehen kann, dass kurz- bis mittelfristig eher Arbeiten von dieser Mitarbeiterin verlangt werden, die keine großen Lernerfordernisse beinhalten, stellt sich für sie die Frage, ob sie nun direkt schon die keimenden Erwartungen der Mitarbeiterin entmutigen soll oder aber vage bleibt bzgl. zukünftiger Projekte in der Annahme, damit die hohe Motivation der Mitarbeiterin erhalten zu können. Kurzfristig wird das letztere Vorgehen erfolgreich sein, um den Preis einer u. U. fundamental gestörten Beziehung, wenn der Mitarbeiterin klar wird, dass keine weiteren herausfordernden Projekte auf sie warten.

Führungsverantwortung

Um die Zuordnung zu den verschiedenen Zufriedenheitstypen zu ermöglichen, wird oftmals ein sehr einfacher Fragebogen verwendet (vgl. Tabelle 8), der eine Beschreibung der Typen anhand je einer Aussage enthält. Die Befragten können instruiert werden, den für sie am besten passenden Typ anzugeben oder aber für jeden Typ das Ausmaß anzugeben, in dem er ihrer Einstellung entspricht.

Fragebogen zur Arbeitszufriedenheit

In der Schweiz wird dieses Modell von Arbeitszufriedenheit seit mehreren Jahrzehnten für eine jährlich wiederholte Zufriedenheitsbefragung genutzt (Abbildung 9). Die Ergebnisse zeigen über die Jahre hinweg, dass fixierte und konstruktive Unzufriedenheit und progressive Zufriedenheit eher in stabilen Proportionen vorhanden zu sein scheinen, während stabilisierte und resignative Zufriedenheit sich dynamischer verhalten. Da diese Daten allerdings keinen echten Längsschnitt beinhalten, sind Schlussfolgerungen hinsichtlich der zugrunde liegenden Prozesse sehr spekulativ.

Langjährige Entwicklung

Tabelle 8:
Beispielfragen zur Erhebung der Typen von Arbeitszufriedenheit
(adaptiert aus Bruggemann, 1976)

Arbeitszufriedenheitstyp	Aussage
Fixiert unzufrieden	Irgendwie bin ich mit meiner Arbeit unzufrieden, aber ich weiß auch nicht, was ich tun soll.
Konstruktiv unzufrieden	Ich bin mit meiner Arbeit nicht zufrieden, weil mich wichtige Punkte ärgern. Ich glaube aber, dass sich in Zukunft einiges ändern wird.
Resignativ zufrieden	Ich bin mit meiner Arbeit zufrieden – ich sage mir, es könnte viel schlimmer sein.
Stabilisiert zufrieden	Ich bin mit meiner Arbeit wirklich zufrieden und wünsche mir, dass für die nächste Zukunft alles so gut bleibt.
Progressiv zufrieden	Ich bin mit meiner Arbeit wirklich zufrieden, gerade auch, weil ich es dabei noch weiterbringen kann.

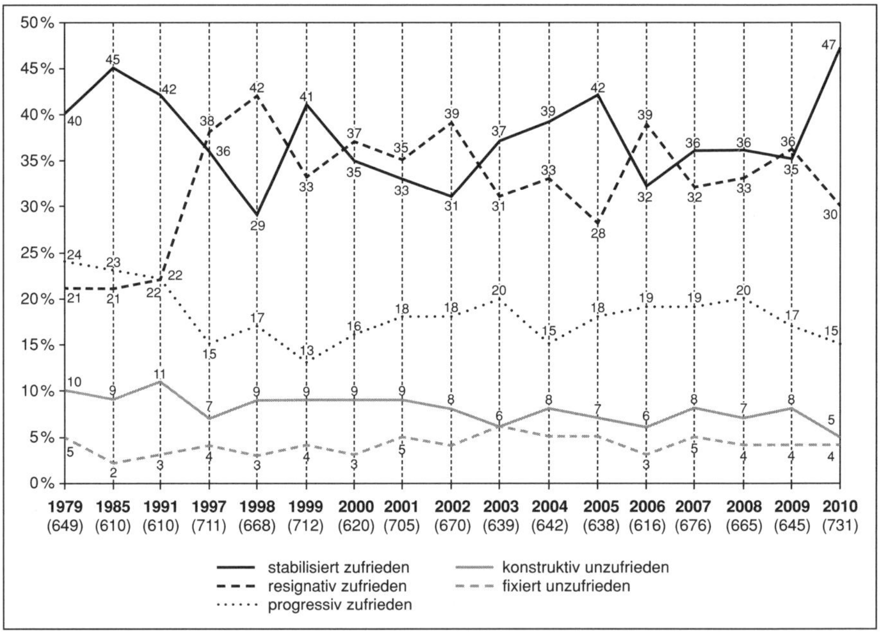

Abbildung 9:
Verteilung der Arbeitszufriedenheitstypen in der Schweiz: Entwicklung von 1979–2010
(N in Klammern) (Basis: Berufstätige der Deutsch- und Westschweiz)
Quelle: TransferPlus AG (2010)

4.1.3 Explizite Gestaltung des psychologischen Vertrags im Zielvereinbarungsgespräch

Als zentrales Instrument für die Gestaltung der Führungsbeziehung wird das Gespräch zwischen Mitarbeitenden und Führenden angesehen (vgl. Hossiep et al., 2008). Dies kann entweder das formale Mitarbeitergespräch sein oder aber auch jegliches arbeitsbezogenes und/oder persönliches Gespräch. Generell gilt die Empfehlung, möglichst oft insbesondere auch das informelle Gespräch zu suchen, um beispielsweise zeitgerecht Rückmeldungen zu geben, Unstimmigkeiten zu diskutieren, bevor sie zu tief sitzenden Konflikten werden, und Gerüchte und Informationsunsicherheiten anzusprechen, um Missverständnissen vorzubeugen. Auch die im psychologischen Vertrag relevanten gegenseitigen Erwartungen und Angebote werden bewusst oder unbewusst sowohl in informellen als auch in formalen Gesprächen zwischen Mitarbeitenden und Führenden angesprochen. **Mitarbeitergespräch**

Um zu einer bewussten Gestaltung des psychologischen Vertrags beizutragen, sollte von beiden Gesprächspartnern immer wieder reflektiert werden, welche Angebote und Erwartungen ausgesprochen oder unausgesprochen kommuniziert wurden. Dies wird auch noch im nächsten Kapitel zur Kommunikation im Unternehmen behandelt. Hier soll zunächst das formale Mitarbeitergespräch betrachtet werden hinsichtlich der Möglichkeiten, einen tragfähigen psychologischen Vertrag zu unterstützen. Je nachdem, ob in einem Unternehmen explizit mit Zielvereinbarungen geführt wird oder nicht, und ob ein Leistungslohnsystem vorhanden ist oder nicht, kann davon ausgegangen werden, dass es einen oder mehrere der folgenden Anlässe für formale Mitarbeitergespräche gibt (vgl. z.B. Fiege, Muck & Schuler, 2006; Marcus & Schuler, 2006; Schmidt & Kleinbeck, 2006).

Anlässe für formale Mitarbeitergespräche

- Personalgespräch zur allgemeinen Beurteilung der Arbeitssituation und Arbeitsleistung und der Ableitung möglicher Maßnahmen der Personalentwicklung und Arbeitsgestaltung
- Zielvereinbarungsgespräch zur verbindlichen Festlegung der in einer definierten Zeitperiode durch die Mitarbeitenden zu erreichenden Ziele
- Beurteilungsgespräche zur standardisierten Messung der in einer definierten Zeitperiode erbrachten Leistung durch die Mitarbeitenden

In allen drei Gesprächskategorien ist es möglich, die dem psychologischen Vertrag zugrunde liegenden Erwartungen und Angebote und auch allgemeiner die Führungsbeziehung anzusprechen. Im Folgenden wird als Beispiel das Zielvereinbarungsgespräch herangezogen, da dort sehr explizit zumindest die Erwartungen des Unternehmens bzw. des Vorgesetzten formuliert werden, was einen guten Ansatzpunkt bietet, auch die mitarbeiterseitigen Erwartungen sowie die gegenseitigen Angebote zu thematisieren.

Vorbereitung und Durchführung von Zielvereinbarungsgesprächen aus Perspektive des psychologischen Vertrags

Zielvereinbarungsgespräch

Es gelten die gleichen Empfehlungen hinsichtlich der Vorbereitung und Durchführung des Gesprächs, wie sie für Mitarbeitergespräche generell gegeben werden (vgl. z.B. Fiege et al., 2006; Schmidt & Kleinbeck, 2006):

- *Gründliche Vorbereitung durch Vorgesetzte und Mitarbeitende:* Termin vereinbaren, genügend Zeit vorsehen, vorgängige Abgabe eines strukturierten Fragebogens an Mitarbeitende (u.U. auch Ausfüllen des analogen Fragebogens durch Vorgesetzten), Klarheit über Zielsetzung und Anliegen des Gesprächs bei beiden Gesprächspartnern;
- *Strukturierter Gesprächsablauf:* Rahmenbedingungen festlegen, konstruktive Atmosphäre schaffen, Vergangenheit und Gegenwart bewerten, Vereinbarungen für die Zukunft treffen, Protokollierung zumindest der getroffenen Entscheidungen;
- *Angemessene Gesprächstechniken:* Gesprächspartner gleichberechtigt behandeln, klar und verständlich formulieren, Rückmeldungen geben und empfangen, konzentriert mit Blickkontakt zuhören, lösungsorientiert Fragen stellen.

Spezifische Inhalte

Zusätzliche Anforderungen, die sich im Hinblick auf die explizite Gestaltung der Führungsbeziehung im Rahmen des psychologischen Vertrags ergeben, sind die folgenden:

- Als Teil der Vorbereitung sollten Vorgesetzte und Mitarbeitende ihre Führungsbeziehung im Allgemeinen reflektieren; dazu kann z.B. der LMX-Fragebogen (vgl. Tabelle 7, S. 52) dienen.
- Ebenfalls als Teil der Vorbereitung sollten Vorgesetzte und Mitarbeitende gegenseitige Angebote und Erwartungen reflektieren; dazu kann der Fragebogen zu den Arbeitszufriedenheitstypen genutzt werden (vgl. Tabelle 8), der eine allgemeine Beurteilung der mitarbeiterseitig erlebten Passung von Angeboten und Erwartungen ermöglicht, sowie einer der in Kapitel 3 vorgestellten Fragebögen zur Erfassung des psychologischen Vertrags.
- Im Gespräch sollte mehr als bei den gängigen Mitarbeitergesprächen üblich auf Erwartungen und Angebote von beiden Gesprächspartnern eingegangen werden, d.h., dass insbesondere auch die mitarbeiterseitigen Erwartungen und Angebote besprochen werden sollten.

- Beim Einsatz von Gesprächstechniken sollte ganz besonders die Wahrnehmung für implizit vermittelte Kommunikationsinhalte geschärft werden, um diese Inhalte dann im Gespräch explizit anzusprechen. Insbesondere zwischen den Zeilen vermittelte „Versprechen" oder auch enttäuschte Erwartungen können so gezielt zum Thema gemacht werden.
- Der möglichst ausdrückliche Umgang mit Angeboten und Erwartungen verlangt besonderes Geschick hinsichtlich der Reaktion auf übertriebene und/oder enttäuschte Erwartungen und auf unangemessene Angebote. Dabei ist nicht nur anzusprechen, wenn gewünschte Einstellungen und Verhaltensweisen verweigert werden, sondern auch, wenn Angebote bestehen, die nicht erwünscht sind, aus deren Vorhandensein dann aber im Sinne einer Reziprozitätserwartung bestimmte Angebote der anderen Seite erwartet werden. Zum Beispiel ist es denkbar, dass ein Mitarbeiter seiner Vorgesetzten Loyalität bietet, die ihn auch dazu veranlasst hat, bestimmte alternative Stellenangebote oder Entwicklungsmöglichkeiten auszuschlagen, woraus er das Recht auf Förderungsmaßnahmen durch seine Vorgesetzte ableitet. Da diese umgekehrt diese Loyalität gar nicht erwartet angesichts beispielsweise eines zeitlich begrenzten Einsatzes des Mitarbeiters, ist sie nicht bereit, den Mitarbeiter entsprechend seiner Erwartungen zu fördern.

Beispiel: Leitfaden zum Mitarbeitergespräch

In einem mittleren Unternehmen, das dermatologische Produkte und Generika produziert, verweist der Leitfaden zum Mitarbeitergespräch indirekt auf den psychologischen Vertrag, indem der soziale Austausch und die relationalen Elemente dieses Austauschs betont werden:

1. Das Mitarbeitergespräch ist eines der unerlässlichen Handwerkszeuge für fortschrittliche Führungskräfte und bezweckt verschiedene Führungsziele.
2. Das Mitarbeitergespräch ist mehr als eine Technik oder ein Instrument. Es ist ein zentrales Kommunikationsmittel, ein Moment der Begegnung und des gemeinsamen Lernens.
3. Gefühle prägen die Sache.
4. Nicht das (Beurteilungs-)System garantiert Gesprächserfolge, sondern die Fähigkeit, andere so zu behandeln, wie man selbst behandelt werden möchte.
5. Beurteilt wird in einem Unternehmen immer, egal ob mit oder ohne Beurteilungssystem. Ein System dient dazu, die Beurteilungen für alle Mitarbeiterinnen und Mitarbeiter einheitlich und somit vergleichbar zu gestalten und sie transparent und damit auch fair durchzuführen.

4.2 Konsistente Kommunikation unternehmensseitiger Erwartungen und Angebote

Kommunikation bei Einstellung, Führung und formaler Information

Neben unmittelbarer, dialogischer Kommunikation, wie in Kapitel 4.1 besprochen, werden unternehmensseitige Angebote und Erwartungen auch durch viele andere Kanäle kommuniziert, häufig allerdings nicht sehr konsistent. Guest und Conway (2002) haben drei Kanäle interner Kommunikation zu unternehmensseitigen Erwartungen und Angeboten untersucht: Einstellungsprozess, Führungskommunikation im Arbeitsalltag und formale Informationsanlässe. Sie fanden, dass im Einstellungsprozess und bei Informationsanlässen die Vermittlung eines einheitlichen psychologischen Vertrags direkt unterstützt werden kann, während die alltägliche Führungskommunikation eher bilaterale, individuelle psychologische Verträge fördert. Sie konnten ebenfalls zeigen, dass effektive Kommunikation über alle drei Kanäle explizite und gerechte psychologische Verträge und deren Einhaltung unterstützt sowie mit höherer Leistung und Motivation einhergeht.

Joining-up process

Auf die Bedeutung des Einstellungsprozesses ist auch schon in einer der frühesten empirischen Arbeiten zum psychologischen Vertrag von Kotter (1973) hingewiesen worden. Er zeigte, dass diejenigen Mitarbeitenden, bei denen im Einstellungs- und frühen Sozialisationsprozess (joining-up process) eine Passung zwischen unternehmens- und mitarbeiterseitigen Erwartungen erreicht werden konnte, höhere Leistung und Motivation zeigten und seltener die Firma wieder verließen. Kotter beschreibt auch eine mögliche Intervention zur Förderung der Passung in Form eines eintägigen Workshops, bei dem zunächst jeder für sich selbst, dann homogene Untergruppen (z. B. Neueingestellte, Beschäftigte mit kurzer Betriebszugehörigkeit, seit längerem im Unternehmen beschäftigte Vorgesetzte) und schließlich die Gesamtgruppe gegenseitige Erwartungen und Angebote reflektiert, woraus dann gemeinsam Maßnahmen zur Erhöhung der Passung entwickelt werden.

Als generell wichtige Faktoren für die Bildung eines tragfähigen psychologischen Vertrags erwähnt Kotter:

- *Selektion:* Vermittlung der Erwartungen, Herausforderungen und Probleme der Tätigkeit durch die Organisation, systematische Erkundung der Erwartungen der neuen Mitarbeitenden;
- *Direkte/r Vorgesetzte/r:* Unterstützung im Umgang mit gegenseitigen Erwartungen und Angeboten;
- *Anreizsystem:* klare Signale an Vorgesetzte und Mitarbeitende, dass die Bildung eines angemessenen psychologischen Vertrags wichtig ist, nicht nur die „eigentliche Arbeit";
- *Ausbildung und erste Arbeitsaufgaben:* klare Vermittlung der unternehmensseitigen Erwartungen.

Im Folgenden werden verschiedene Kommunikationskanäle und ihre jeweilige Rolle in der Gestaltung des psychologischen Vertrags besprochen. Die formale Führungskommunikation durch Mitarbeitergespräche wird dabei ausgelassen, da diese schon in Kapitel 4.1 behandelt wurde. Am Ende werden Überlegungen dazu angestellt, wie diese verschiedenen Kanäle synchronisiert werden können.

4.2.1 Einstellungsprozess

Klärung von Angeboten und Erwartungen

Die gegenseitige Wahl von Mitarbeitenden und Unternehmen im Bewerbungs- und Einstellungsprozess bestimmt bereits wesentliche Merkmale der zukünftigen Beziehung zwischen Mitarbeitenden und Unternehmen bzw. Unternehmensvertretern. Erwartungen an eine gelingende Beziehung werden zumindest teilweise explizit geäußert, manche Erwartungen sind aber auch bewusst oder unbewusst Folge von Voranmahmen und Vorurteilen, beispielsweise bezüglich Unternehmen einer bestimmten Branche oder Beschäftigten mit bestimmten persönlichen Merkmalen. Wie bereits am Beispiel der Untersuchung von Kotter (1973) beschrieben, sollten diese gegenseitigen Erwartungen möglichst vollumfänglich angesprochen werden, selbst wenn damit Probleme und Konflikte erzeugt werden aufgrund nicht erfüllbarer Erwartungen und Korrekturen von Vorannahmen. Um gut vorbereitet zu sein für die Gestaltung tragfähiger psychologischer Verträge mit neuen Mitarbeitenden, sollten von allen im Einstellungsprozess beteiligten Personen im Unternehmen Erwartungen und Angebote vorgängig geklärt und dann systematisch an die einzustellende Person vermittelt werden. Umgekehrt sollten die Erwartungen und Angebote der einzustellenden Person möglichst breit erfragt werden. Um nicht gegenseitig die Offenheit der sozialen Erwünschtheit zu opfern, ist es wichtig, dass alle Beteiligten sich selbst und auch gegenseitig klarmachen, dass eine auf falschen Erwartungen aufgebaute Beschäftigungsbeziehung spätestens mittel- und langfristig zum Scheitern verurteilt ist.

Stellenanzeigen als Basis für den zukünftigen psychologischen Vertrag

Bereits die Formulierungen in Stellenanzeigen können zur Entstehung von Erwartungen an den Arbeitgeber und damit zur Entwicklung des psychologischen Vertrags führen. Deshalb sollten die Beschreibung der Tätigkeit und die darin enthaltene Botschaft des Unternehmens realistisch formuliert und ausgewogen sein. Je früher potenzielle Mitarbeitende positive wie negative Aspekte der neuen Arbeitssituation kennen, desto größere Chancen bestehen für den Aufbau einer realistischen und tragfähigen Beschäftigungsbeziehung.

In der folgenden Stellenanzeige sind teils explizit und teils zumindest zwischen den Zeilen die sehr hohen Erwartungen des Unternehmens einerseits und dessen wenig konkrete Angebote anderseits gut zu erkennen. Darüber, ob dies von der entsprechenden Personalabteilung so beabsichtigt wurde, kann nur spekuliert werden.

Wir sind eine erfolgreiche, international tätige Unternehmensberatung.

Unsere Philosophie ist kompromisslos einfach: Klare Analysen, umsetzbare Lösungen, langfristige Erfolgssicherung.

Zur Verstärkung unseres Beraterteams suchen wir zum nächsten Termin:

Juniorberater/-in

Ihre Aufgaben:
- Vor-Ort-Analysen: Erhebung von Ist-Prozessen, Festlegung von Zielprozessen
- Prozessoptimierung und Effizienzsteigerung in Produktionsunternehmen
- Studien zur Kapazitätsauslastung

Ihr Profil:
- Hervorragender Abschluss eines Universitätsstudiums, gerne mit Promotion
- 1 bis 2 Jahre Berufserfahrung sind vorteilhaft
- Sprachen: Englisch
- Interesse an neuen Horizonten und Bereitschaft, von erfahrenen Projektleitern zu lernen
- Talentiert in der Konzeption, Sinn fürs Machbare und ein Faible für die Umsetzung
- Bereit, heute hier und morgen dort zu sein

Was wir Ihnen bieten:
- Interessante, abwechslungsreiche Projekte
- Aufstiegsmöglichkeiten
- Leistungsorientierte Vergütung

In der Kommunikation gegenseitiger Erwartungen kann außerdem die Erfassung von Karriereorientierungen hilfreich sein, sowohl hinsichtlich der vom Unternehmen gewünschten als auch der von dem Bewerber oder der Bewerberin vertretenen Orientierung. Dazu gibt es diverse Instrumente, die entweder sehr allgemein Berufsorientierungen erfragen (z.B. die Karriereanker von Schein, 1990, vgl. Tabelle 9) oder spezifisch auf Anforderungen im Zusammenhang mit flexibler werdenden Beschäftigungsverhält-

Tabelle 9:
Karriereanker nach Edgar Schein (1990)

Berufsorientierung	Beschreibung
Technische/funktionale Ausrichtung	Diese Personen wollen in dem, was sie tun, besser werden, sie suchen vor allem herausfordernde Aufgaben.
General Management	Diese Personen wollen Führungsverantwortung übernehmen und sich an Entscheidungen im Unternehmen beteiligen.
Selbstständigkeit/Unabhängigkeit	Diese Personen schätzen die Freiheit, sie brauchen Aufgaben, in denen sie alleine schalten und walten können.
Sicherheit/Beständigkeit	Für diese Personen sind vor allem eine dauerhafte Stelle und wenig Risiko in ihrer Arbeitssituation wichtig.
Unternehmerische Kreativität	Diese Personen wollen erfinderisch sein und etwas Eigenes auf die Beine stellen, ihnen sind Eigentum und auch finanzieller Erfolg wichtig.
Hingabe an eine Idee oder Sache	Diesen Personen geht es darum, anderen zu helfen, und ihre persönlichen Werte zu verwirklichen.
Totale Herausforderung	Das Wichtigste für diese Personen ist es, sich ständig durch die Lösung schwieriger Probleme zu behaupten.
Lebensstil	Diesen Personen geht es darum, ihren Lebensstil durch eine Integration von Erwerbsarbeit und anderen Lebensbereichen zu verwirklichen.

nissen eingehen (z. B. Briscoe, Hall & DeMuth, 2006; Gerber, Wittekind, Grote & Staffelbach, 2009, vgl. Tabelle 10).

In Tabelle 10 sind Ergebnisse einer Befragung in der Schweiz und in Großbritannien aufgeführt, bei der ein Befragungsinstrument verwendet wurde, das vor allem auf *traditionelle*, aufstiegs- oder sicherheitsbezogene Orientierungen und *neue*, eigenverantwortliche Orientierungen abzielt. Die Daten zeigen bestimmte Gemeinsamkeiten (Fokus auf Selbstmanagement in der Karriere, geteilte Meinungen bzgl. der Bedeutung von hierarchischem Aufstieg und Gegenwarts- versus Zukunftsorientierung), aber auch beachtliche Unterschiede, selbst innerhalb der Schweiz, z. B. bezüglich der Bedeutung von Arbeit überhaupt und der Bedeutung einer sicheren Arbeitsstelle.

Antwortprofile von jedem einzelnen Beschäftigten in einem Unternehmen bei einem Fragebogen wie dem in Tabelle 9 genannten können sehr aufschlussreich sein für die Diskussion von Erwartungen und Angeboten spe-

Tabelle 10:
Karriereorientierungen in verschiedenen Ländern und Landesregionen (adaptiert aus Gerber, Wittekind, Grote, Conway & Guest, 2009)

Wenn Sie Ihr zukünftiges Arbeitsleben betrachten, für welche der zwei Möglichkeiten würden Sie sich entscheiden?	Beschäftigte Deutschschweiz (N=737)	Beschäftigte Westschweiz (N=319)	Beschäftigte Großbritannien (N=1.002)
In verschiedenen Arbeitsbereichen einsetzbar	54%	41%	27%
Einen sicheren Arbeitsplatz haben	46%	59%	73%
Meine Karriere selber managen	81%	80%	81%
Meine Firma die eigene Karriere managen lassen	19%	20%	19%
In mehreren Firmen (hintereinander) arbeiten	25%	30%	12%
Eine lange Zeit in einer Firma arbeiten	75%	70%	88%
Eine Reihe von Stellen auf der gleichen Hierarchiestufe	50%	54%	46%
Eine höhere Hierarchiestufe anstreben	50%	46%	54%
In der Gegenwart leben	47%	51%	45%
Für die Zukunft planen	53%	49%	55%
Arbeit ist im Leben nebensächlich	18%	36%	51%
Arbeit ist zentral im Leben	82%	64%	49%
Eine Karriere ist mir nicht wichtig	70%	63%	42%
Karriere machen ist mir sehr wichtig	30%	37%	58%
Sich und seiner Karriere verpflichtet sein	48%	61%	80%
Seiner Firma/Organisation verpflichtet sein	52%	39%	20%
Ausgeben was man hat und es genießen	44%	47%	47%
Für die Zukunft sparen	56%	53%	53%

ziell in der Laufbahnentwicklung. Dabei sollte auch beachtet werden, dass sich in mehreren Untersuchungen zum Umgang mit Flexibilitätsanforderungen gezeigt hat, dass zwar neue, stärker auf Eigenverantwortung beruhende Karriereorientierungen von Unternehmen gefordert werden, gleichzeitig die Förderungsmaßnahmen und damit die alltäglichen Erwartungen und Angebote aber eher auf traditionelle, Loyalität und Sicherheit betonende Orientierungen setzen (Gerber et al., 2009; Grote, 2007; Guest &

Conway, 2004). Solche Unstimmigkeiten sollten möglichst vermieden werden, was eine systematische Reflexion der geforderten Mitarbeiterprofile nicht nur hinsichtlich Kompetenzen und Qualifikationen, sondern auch bezüglich Einstellungen und Werten voraussetzt.

4.2.2 Formale Mitarbeiterinformation

Neben Unternehmensleitung, Personalabteilung und direkten Vorgesetzten sind auch diejenigen Stellen im Unternehmen für die Vermittlung der unternehmensseitigen Erwartungen und Angebote von großer Bedeutung, die mit der unternehmensinternen und -externen Kommunikation betraut sind.

Externe Kommunikation

Die externe Kommunikation ist im vorliegenden Zusammenhang vor allem aus Perspektive des Employer Branding interessant, durch das potenziellen Mitarbeitenden bereits Erwartungen und Angebote des Unternehmens vermittelt werden. Hierbei ist eine systematische Zusammenarbeit mit den für Rekrutierung, Einstellung und Einarbeitung verantwortlichen Personen nötig, damit eine kohärente Kommunikation auf Basis einer klaren Positionierung des Unternehmens erfolgen kann (vgl. auch Kapitel 4.2.1). Im folgenden Kasten wird die Einführung eines Employer Branding-Programms beschrieben.

Fallbeispiel: Employer Branding (aus Voigt, 2007)
Ein Schweizer Baustoffkonzern verdoppelte weltweit seine Mitarbeiterzahl innerhalb kürzester Zeit auf fast 100.000 Mitarbeitende in 75 Ländern. Um die Unternehmensidentität in diesem Wachstumsprozess zu sichern, wurde eine Reihe von global geltenden Werten bestimmt, aber auch ausdrücklich Raum für lokale, kultur- und marktbedingte Anpassungen gegeben. Diese Grundhaltung floss auch in das systematisch erarbeitete Employer Branding ein. Werte, die allen Mitarbeitenden und auch den Kunden und Wirtschaftspartnern vermittelt werden, sind Stärke, Leistung und Leidenschaft. Nach innen wurden zudem Loyalität, Wissenstransfer und Integration als zentrale Anliegen formuliert. Daraus leiten sich konkrete Erwartungen und Angebote des Unternehmens an seine Mitarbeitenden ab wie beispielsweise hohe Kunden- und Leistungsorientierung und Gleichbehandlung von Mitarbeitenden aus zugekauften Firmen. Um die Werte und die daraus für die Mitarbeitenden ableitbaren eigenen Erwartungen und Angebote individuell und in den lokalen Kontexten zu konkretisieren, wurden im ganzen Unternehmen Workshops organisiert, in denen die Mitarbeitenden zur systematischen Selbstreflexion und Formulierung spezifischer Fragen an ihr eigenes Verhalten angeleitet wurden.

Interne Kommunikation

Die interne Kommunikation, z. B. durch formale Informationsanlässe und kontinuierliche Information im Intranet und in der Mitarbeiterzeitung, sollte ebenfalls gezielt genutzt werden, um Erwartungen und Angebote des Unternehmens zu kommunizieren. Wichtig ist dabei vor allem auch, dass die verschiedenen Kommunikationskanäle koordiniert und kohärent genutzt werden.

Implizite Botschaften

Neben der expliziten Kommunikation über diese Kanäle sind die impliziten Botschaften zu berücksichtigen, die z. B. in Informationen über Dienstjubiläen und in der Auswahl aktueller Nachrichten und präsentierter Mitarbeiterportraits enthalten sind. Insbesondere immaterielle Erwartungen und Angebote drücken sich eher auf dieser symbolischen Ebene aus: Werden beispielsweise Dienstaltersjubiläen überhaupt erwähnt und wird das Erreichen eines hohen Dienstalters als besondere Leistung angesehen? Um diese impliziten Botschaften bewusst zu machen, kann es hilfreich sein, eine Analyse der internen Kommunikation wie beispielsweise eine sprachanalytische Auswertung durch eine externe Person vornehmen zu lassen. Gerade bei solchen symbolischen Inhalten sind Mitglieder des Unternehmens selbst eher betriebsblind.

Der Umgang mit Dienstjubiläen ist besonders interessant, weil dadurch eine zentrale Komponente psychologischer Verträge – das Angebot und die Erwartung von Sicherheit und Loyalität – angesprochen wird. Nach den konjunkturell schlechten Jahren zu Beginn dieses Jahrtausends, während derer in vielen Unternehmen eine lange Betriebszugehörigkeit nicht mehr erwünscht schien mit Blick auf die Förderung von Arbeitsmarktfähigkeit, haben insbesondere noch vor der Finanzkrise die Firmenanlässe wieder zugenommen, in denen langjährige Mitarbeitende geehrt werden (vgl. das Beispiel von ABB im Kasten).

Fallbeispiel: Dienstjubiläum

ABB ehrt Jubilare im Rosengarten

616 ABB-Mitarbeiter mit mehr als 17.000 Dienstjahren

Mannheim, 09. Dezember 2005 – Zur traditionellen Jubilarfeier sind heute ABB-Mitarbeiter aus ganz Deutschland in den Mannheimer Rosengarten gekommen. Die 616 Jubilare können dabei stolz auf insgesamt 17.810 Berufsjahre bei ABB zurückblicken. 17 Jubilare halten dem Unternehmen bereits seit 45 Jahren die Treue, 307 Jubilare haben sich 35 Jahre lang in den Dienst des Unternehmens gestellt.

Aus diesem Anlass würdigen heute im Mozartsaal des Rosengartens der Oberbürgermeister der Stadt Mannheim, Gerhard Widder, und der Vorstandsvorsitzende von ABB Deutschland Bernhard Jucker die langjährigen Mitarbeiter im

Rahmen eines Festaktes. Außerdem gratulieren der Vorsitzende des Konzernbetriebsrates, Adolf Schmitt, und der Vorsitzende des Konzernsprecherausschusses der Leitenden Angestellten, Dr. Jürgen Ober, den Jubilaren.

Bei seinem Jahresrückblick dankte Jucker den Jubilaren und betonte: „Ein Unternehmen lebt von motivierten und leistungsbereiten Mitarbeiterinnen und Mitarbeitern." Mit Blick auf die positive Entwicklung der ABB forderte er die Mitarbeiter auf, nicht nachzulassen und die Wettbewerbsfähigkeit am Standort Deutschland weiter zu verbessern.

Nach den Festreden wird ein weihnachtliches Galabuffet serviert, bevor sich der Vorhang zu einer Show mit internationalen Künstlern und Artisten hebt. Die Bluessängerin Joy Fleming und der Kabarettist Bülent Ceylan bringen bei der Veranstaltung Mannheimer Lokalkolorit auf die Bühne.

Quelle: Pressemitteilung der ABB AG, online verfügbar unter http://www.abb.de/cawp/seitp202/c1a8a81dc151174fc12570d20054a071.aspx [Zugriff am 28. 07. 2011]

Interner Arbeitsmarkt

Ein weiteres aufschlussreiches Beispiel für implizite Botschaften ist die interne Stellenbörse von Unternehmen. Wenn in der Mitarbeiterzeitschrift über die interne elektronische Stellenbörse des Unternehmens berichtet wird und die diversen Vorteile dieses Werkzeugs – wie globale Transparenz, schnelle Bearbeitung von Bewerbungen und durch die Mitarbeitenden selbst verwaltete Bewerbungsdokumente – hervorgehoben werden, dann wird hiermit auch eine Erwartung des Unternehmens kommuniziert. Mitarbeitende sollen flexibel einsetzbar sein und kontinuierlich nach neuen Optionen Ausschau halten, eigenverantwortlich ihre Berufslaufbahn planen und selbständig für die Aktualität ihrer Daten sorgen. Gleichzeitig macht das Unternehmen aber auch ein Angebot: Unterstützung der Arbeitsmarktfähigkeit und Bemühung um eine dauerhafte, nur unternehmensintern wechselnde Anstellung für alle Mitarbeitenden.

4.2.3 Informelle Führungskommunikation im Alltag

Jegliche Kommunikation im Arbeitsalltag transportiert immer auch bestimmte Erwartungen und Angebote. Jede Leistungsrückmeldung basiert auf einer Beurteilung erfüllter, übertroffener oder enttäuschter Erwartungen. Jede Hilfestellung oder Bitte um Hilfe beinhaltet Erwartung und Angebot. Niemand kann die Mitteilungen, die er durch verbales und non-verbales Verhalten vermittelt, vollständig bewusst gestalten und kontrollieren. Dies wäre auch nicht wünschenswert, da damit Kommunikation unnatürlich und unpersönlich würde. Trotzdem sollten sich sowohl Mitarbeitende als auch Führende regelmäßig selbst Rechenschaft darüber abgeben, welche Angebote und Erwartungen sie meinen kommuniziert zu haben und welche sie umgekehrt von der anderen Seite meinen verstanden zu haben.

Dazu gehört für Vorgesetzte auch ein Vergleich der Kommunikation mit ihren einzelnen Mitarbeitenden: Wurde allen Mitarbeitenden gegenüber gleichermaßen kommuniziert und entspricht dies der realen Situation, dass tatsächlich allen gegenüber die gleichen Angebote und Erwartungen bestehen? Wenn Unterschiede in den Erwartungen und Angeboten für einzelne Mitarbeitende bestehen, wie sind diese zu begründen und wurden diese Gründe transparent kommuniziert?

4.2.4 Leitbilder

Kommunikation durch Leitbilder

Die wesentliche Funktion von Leitbildern ist die Kommunikation bestimmter Normen, Werte und Grundeinstellungen, die im Unternehmen gelten bzw. gelten sollen. Damit sind auch Erwartungen an die Mitarbeitenden bzgl. angemessenem Verhalten und an die Vorgesetzten als Vermittler dieser Normen und Grundwerte eingeschlossen. Wiederum gilt es zu prüfen, ob die kommunizierten Erwartungen und Angebote konsistent sind, sowohl innerhalb von Leitbildern als auch zwischen verschiedenen Leitbildern wie z. B. Unternehmensvision, Führungsleitlinien und Personalpolitik.

Ein konkretes Beispiel, wie die in Leitbildern kommunizierten Erwartungen und Angebote diskutiert und in eine von allen Betroffenen geteilte Sicht integriert werden können, findet sich im folgenden Kasten.

Fallbeispiel: Unternehmensleitbild
(aus Janssen, 2007)

Ein Maschinenbaukonzern führte zur stärkeren Verankerung der Unternehmenswerte einen „Storytelling-Workshop“ mit seinen Mitarbeitenden durch. Ziel war es, die Werte mit realen Beispielen aus der täglichen Arbeitswelt zu verbinden und so nachvollziehbar zu machen. Dies erfolgte im Rahmen eines Workshops, in dem die Mitarbeitenden sich gegenseitig Erfolgsgeschichten aus ihrem Unternehmensalltag erzählten, die beispielhaft die Werte und Vision des Unternehmens illustrieren bzw. Wege ihrer Umsetzung aufzeigen. Im Plenum wurde nach dem Erzählen jeder Geschichte diskutiert, welchem Wert sie zuzuordnen ist. Auf diese Weise wurde eine gute Verbindung der eher abstrakten Unternehmenswerte mit der unmittelbaren Handlungspraxis der Mitarbeitenden hergestellt.

Durch das gegenseitige Erzählen fand implizit auch ein Abgleich zwischen den Erwartungen des Unternehmens – Orientierung am Leitbild – und dem Angebot der Mitarbeitenden – Erfüllung bzw. Umsetzung der Werte im Arbeitsalltag – statt. Gleichzeitig wurde die Richtung der Leitbilderfüllung kanalisiert und die Präsentation einer einheitlichen Unternehmens-Persönlichkeit nach innen und außen gefördert.

4.2.5 Synchronisierung der Kommunikationskanäle

Übereinstimmung von Medium und Information

Wie schon innerhalb der einzelnen Kommunikationskanäle ist es auch im Vergleich der verschiedenen Kanäle zentral, die Konsistenz der vermittelten Information zu überprüfen. Zusätzlich ist zu entscheiden, welche Inhalte am besten über welches Medium transportiert werden. Soll beispielsweise die Kürzung des Weiterbildungsbudgets und damit möglicherweise die Verletzung diverser Erwartungen bezüglich Personalentwicklung eher bei einem formalen Informationsanlass behandelt oder im Intranet angekündigt werden oder auch durch die Vorgesetzten persönlich an die Mitarbeitenden vermittelt werden?

Meier (2002) unterscheidet grundsätzlich zwischen Informations- und Dialogmedien und zwischen den Funktionen Anordnung, Koordination, Orientierung und Kontakt (vgl. Abbildung 10). Bei der Wahl des Mediums sollte entsprechend überlegt werden, welche Funktion bzw. Funktionen durch die Kommunikation erfüllt werden sollen. Wenn im Beispiel der Kürzung des Weiterbildungsbudgets angestrebt ist, nicht nur zur informieren, sondern auch die Diskussion über die Konsequenzen zuzulassen bzw. sogar anzuregen, sollte am ehesten ein Kontaktmedium wie das persönliche Gespräch oder eine Klausur genutzt werden. Soll nur informiert bzw. gleichzeitig auch klar die Umsetzung der Kürzung angeordnet werden, sollte ein Koordinationsmedium wie beispielsweise eine Bereichssitzung genutzt werden. Bei diesen Kategorisierungen verschiedener Kommunikationsanlässe ist allerdings auch zu berücksichtigen, dass diese Anlässe sehr unterschiedlich gestaltet werden können und je nachdem auch verschiedene

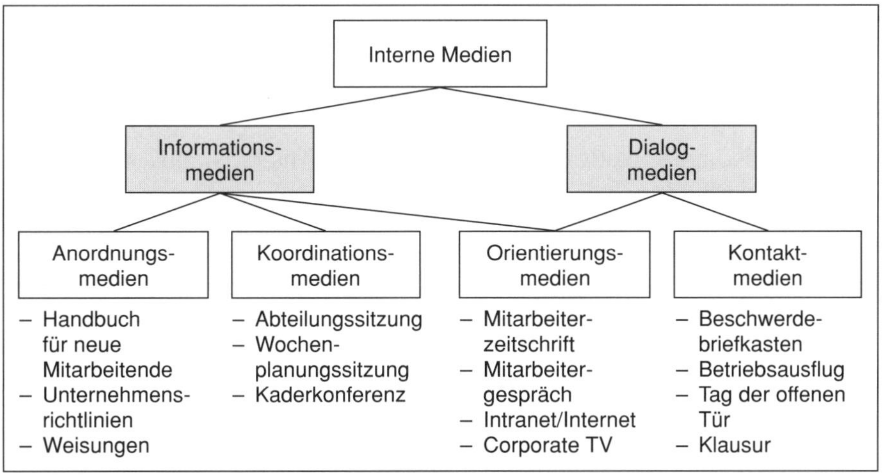

Abbildung 10:
Verschiedene Medien der Unternehmenskommunikation (in Anlehnung an Meier, 2002)

Funktionen erfüllen können. Meier (2002) ordnet zum Beispiel das Mitarbeitergespräch der Orientierung zu, solche Gespräche können natürlich aber auch dem gezielten Kontakt dienen.

Eine gute Kommunikation setzt voraus, dass die Medien zweckgerecht eingesetzt werden und ihr Einsatz koordiniert wird, so dass eine möglichst konsistente Kommunikation über die verschiedenen Kanäle erfolgt. Was wann und über welchen Kanal kommuniziert wird, sollte gemeinsam von Kommunikationsverantwortlichen, HR-Verantwortlichen und Linienführung entschieden werden.

Kommunikation von Vertragsveränderungen

Besonders kritisch ist eine systematische und integrierte Kommunikation bei Veränderungsprozessen. Meist werden durch Veränderungen auch die unternehmensseitigen Erwartungen und Angebote im psychologischen Vertrag tangiert. Wenn diese Änderungen nicht frühzeitig, kohärent und nachvollziehbar kommuniziert werden, kann dies bei den Beschäftigten zum Erleben eines Vertragsbruchs mit allen negativen Folgen wie reduziertem Commitment, höheren Kündigungsabsichten und tieferer Unzufriedenheit führen.

Soll darüber informiert werden, dass bestimmte Inhalte der unternehmensseitigen Angebote und Erwartungen nicht mehr gelten bzw. umgekehrt neu hinzugekommen sind, sollte dies sehr gut koordiniert von Unternehmensleitung, HR-Verantwortlichen und den direkten Linienvorgesetzten vermittelt werden. Werden teilweise dialogische Medien für diese Vermittlung eingesetzt, ist auch im Vorhinein zu vereinbaren, wie auf Fragen, Befürchtungen und Änderungswünsche der Mitarbeitenden einzugehen ist, um beispielsweise zu vermeiden, dass durch einen Kommunikationsanlass bestimmte Hoffnungen geweckt werden, die bei einem anderen wieder zerstört werden.

Erfolgsfaktoren

Herbst (2003) nennt eine Reihe von Erfolgsfaktoren für die interne Unternehmenskommunikation im Allgemeinen, die auch auf die Kommunikation im Zusammenhang mit dem psychologischen Vertrag angewendet werden können:
- Interne Kommunikation gibt Orientierung: Was ist stabil? Was ändert sich? Sie erklärt aktiv, statt passiv zu verteidigen.
- Interne Kommunikation hält die Mitarbeitenden auf dem Laufenden (Prozesskommunikation statt Ergebniskommunikation).
- Der Kommunikationsprozess wird aufmerksam verfolgt, auf Stimmigkeit überprüft und flexibel angepasst.
- Die Geschäftsleitung gibt ein klares Bekenntnis zur internen Kommunikation ab. Sie ist selbst Vorbild.
- Grundsätzlich gilt, dass die eigenen Mitarbeitenden und deren Interessenvertreter wichtige Informationen über das Unternehmen vor den externen Bezugsgruppen erhalten.
- Verbindliche Richtlinien und Führungsgrundsätze für Kommunikation sind formuliert, an die sich alle halten müssen und die einklagbar sind.

- Kommunikationsziele sind Bestandteil der Mitarbeitergespräche, auch der Führungskräfte.
- Mitarbeiterkommunikation ist auf die Anforderungen der Situation sowie die Wünsche und Bedürfnisse der Beteiligten zugeschnitten. Das schließt Standardrezepte aus.
- Unangenehme Themen werden möglichst früh angesprochen. Fühlen sich die Verantwortlichen dem nicht gewachsen, können sie auf interne und externe Unterstützung zurückgreifen.

5 Fallbeispiel: Die systematische Gestaltung des psychologischen Vertrags in einem Pharmaunternehmen

Maßnahmenbündel in Pharmaunternehmen

Hier wird die konkrete Ausgestaltung der sechs Maßnahmenbündel, die in Kapitel 3.4 in allgemeiner Form beschrieben wurden, für ein Unternehmen gezeigt, das nicht alle, aber doch die meisten der genannten Maßnahmen systematisch umgesetzt hat.

Das Unternehmen ist ein international tätiges Pharmaunternehmen mit etwa 80.000 Mitarbeitenden weltweit, im Folgenden PHARMA genannt. Der Prozess der bewussten Gestaltung des psychologischen Vertrags wurde von der Personalabteilung des Konzerns angestoßen und mit entsprechenden Instrumenten unterlegt, wobei der Auslöser das Employer Branding und damit verbunden, das – in der Terminologie des Unternehmens – „Expectation Management“ war.

1. Definition von Inhalten und Art des psychologischen Vertrags als Teil des Employer Branding

Employer Value Proposition

Als Kernbestandteil des Employer Branding wurde eine sogenannte Employer Value Proposition (EVP) entwickelt. Die EVP enthält die Angebote des Unternehmens an seine Mitarbeitenden. Insbesondere vermittelt sie, was das Besondere des Unternehmens ist und warum es sich lohnt, dort zu arbeiten. Gleichzeitig ist die EVP auch ein Versprechen, an dem die Mitarbeitenden die tatsächliche Arbeitssituation messen und bei Diskrepanzen Veränderungen verlangen können. Die EVP ist daher auch eine Messlatte für die Leistungen des Unternehmens seinen Mitarbeitenden gegenüber.

Bei PHARMA wurde als Unternehmens„marke“ formuliert, dass das Unternehmen die „world’s most respected health care company“ sein will. Daraus wurden in der EVP die folgenden Angebote des Unternehmens an seine Mitarbeitenden abgeleitet: Innovation für die Verbesserung von Lebensqualität, globale Führerschaft im Gesundheitswesen, Zusammenarbeit mit den Besten des Fachgebiets, Diversität, Leistungsorientierung, fachliche und persönliche Weiterentwicklung und ergebnisorientierte Entlohnung. Eine Kurzfassung der EVP wird in allen Rekrutierungsmateralien weltweit verwendet, um die Angebote von PHARMA an seine Mitarbeitenden auch an potenzielle Bewerberinnen und Bewerber zu kommunizieren: „A global healthcare leader, PHARMA has one of the most exciting product pipelines in the industry today. A pipeline of innovative medicines brought to life by diverse, talented, performance driven people. All of which makes us one of the most rewarding employers in our field."

Die EVP enthält nicht nur Information über die Angebote des Unternehmens im Rahmen des mit den Mitarbeitenden zu etablierenden psychologischen Vertrags, sondern es wird auch explizit formuliert, welche Art des psychologischen Vertrags angestrebt ist. Im Rahmen des Grundverständnisses von „one voice, local accents" wird ein grundsätzlich für alle gleichermaßen gültiger Vertrag formuliert, der aber genügend Flexibilität enthält, um auf geografische, rollen- oder geschäftsfeldspezifische Eigenheiten einzugehen. Mit dem psychologischen Vertrag soll eine langfristige Beschäftigungsbeziehung unterstützt werden, die nicht nur auf dem Austausch von materiellen, sondern auch von immateriellen Werten beruht.

Weitere Elemente der Angebote von PHARMA an seine Mitarbeitenden sind in den Prinzipien für Corporate Social Responsibility verankert, wie Fairness, Offenheit, gegenseitiger Respekt, marktgerechte Entlohnung, Work-Life-Balance, konstruktive Sozialpartnerschaft und Gesundheits- und Arbeitsschutz.

Die Erwartungen von PHARMA an seine Mitarbeitenden sind teilweise ebenfalls in der EVP enthalten, indem dort die Bedeutung von Leistungs- und Ergebnisorientierung sowie fachlicher Weiterentwicklung hervorgehoben wird. Außerdem werden in den Prinzipien für Corporate Social Responsibility und im Verhaltenskodex des Unternehmens rechtmäßiges und ethisches Verhalten, Loyalität, Respekt, Fairness und gute Geschäftspraktiken von den Mitarbeitenden gefordert. Weitere konkrete Erwartungen sind in den Instrumenten für die Leistungsbeurteilung der Mitarbeitenden beschrieben, die unter Punkt 2 erläutert werden.

2. *Kohärente Kommunikation von Unternehmensangeboten und -erwartungen in allen Phasen der Beschäftigungsbeziehung*

Die Angebote und Erwartungen des Unternehmens sind möglichst konsistent durch alle Stadien der Beschäftigungsbeziehung hindurch an alle Mitarbeitenden zu vermitteln. Bei PHARMA wird dies auf die folgende Weise erreicht:

Rekrutierung: Die EVP wird konsistent in allen Rekrutierungsmaterialien weltweit verwendet.

Rekrutierung

Selektion: Die EVP wird in den Einstellungsgesprächen behandelt. Außerdem erhalten alle angehenden Mitarbeitenden eine Broschüre, die ausdrücklich formuliert, dass es Angebote und Erwartungen des Unternehmens gibt, die nicht Teil des juristischen Arbeitsvertrags sind: „This brochure contains all the important information about the conditions of employment, benefits and offers you can expect from PHARMA, as your company. This brochure is not part of your employment contract. PHARMA reserves the right to change the benefits described here or to adapt them to current business and market requirements." In der Broschüre werden eine Reihe von Erwartungen und Angeboten des Unternehmens sehr detailliert beschrieben. Bezüglich Weiterbildung beispielsweise wird festgehalten, dass Weiterbildung immer dem Zweck dient, den Beitrag von Mitarbeitenden für die Unternehmensleistung zu erhöhen. Damit wird deutlich gemacht, dass Weiterbildung in erster Linie dem Unternehmen zugutekommen soll.

Selektion

„On-boarding": Es besteht ein strukturierter Prozess, der neuen Mitarbeitenden während der ersten sechs Monate hilft, sich bei PHARMA zurechtzufinden und ins Unternehmen hineinzuwachsen. Dieser Prozess wurde etabliert, da das Unternehmen erkannt hat, wie wichtig es ist, die EVP von Anfang an umzusetzen und damit Vertrauen, Konsistenz, Fairness und Vorhersehbarkeit für die Mitarbeitenden zu schaffen.

On-boarding

Leistungsbeurteilung: Die Grundlage der Leistungsbeurteilung sind individuelle Zielvereinbarungen sowie die Befolgung von Werten und Verhaltensweisen, die für PHARMA als Ganzes formuliert worden sind. Diese Werte und Verhaltensweisen werden in den zugehörigen Dokumenten sehr detailliert beschrieben einschließlich des konkreten Verhaltens, das als Maßstab bei der Beurteilung verwendet wird. Allen Mitarbeitenden sind diese Dokumente bekannt. Beispiele geforderter Verhaltensweisen sind Ergebnisorientierung, Kunden- und Qualitätsorientierung, Innovation, Handlungsorientierung, Eigenverantwortung, Disziplin, gegenseitiger Respekt und offene Kommunikation.

Leistungsbeurteilung

Personalentwicklung/Beförderungen: Erwartungen der Mitarbeitenden werden nicht als Teil der Leistungsbeurteilung, sondern im Rahmen der Zielvereinbarung und des Entwicklungsplans diskutiert. Insbesondere die Führungsentwicklung basiert auf einem systematischen Prozess der Bewertung des Führungstalentes, durch Karrierepläne gesteuerten Berufserfahrungen, kontinuierlichem Lernen durch 360°-Feedback, Mentoring und spezifisch zugeschnittenen Kursangeboten.

Personalentwicklung/ Beförderungen

Organisationale Veränderungen: Es gibt keine spezifischen Instrumente, um die Einhaltung bzw. Veränderung der EVP bei organisationalen Veränderungen zu überwachen. Allerdings werden in der Vorbereitung organisationaler

Organisationale Veränderungen

Veränderungen auch mögliche wünschbare bzw. zu vermeidende Änderungen der unternehmensseitigen Angebote und Erwartungen diskutiert. Zunehmend werden auch Mitarbeiterbefragungen genutzt, um die Einhaltung der in der EVP enthaltenen Versprechen durch das Unternehmen zu beurteilen und, wo nötig, korrektive Maßnahmen einzuleiten. In der Einschätzung der Mitarbeitenden bei einer kürzlich durchgeführten Befragung schnitt PHARMA bezüglich Personalentwicklung, Unternehmensethik und sozialer Verantwortung sowie Kundenorientierung besser ab als vergleichbare Unternehmen, was als Bestätigung der Umsetzung der EVP gewertet wurde.

Beendigung des Arbeitsverhältnisses

Beendigung des Arbeitsverhältnisses: Mit allen Mitarbeitenden, die das Unternehmen verlassen, werden Austrittsgespräche geführt. In diesen Gesprächen werden auch Verletzungen des psychologischen Vertrags angesprochen. Die Ergebnisse der Gespräche werden zentral zusammengetragen und dienen der Überprüfung der Formulierung und Umsetzung der EVP. Außerdem werden immer wieder Kampagnen durchgeführt, um die Erwartungen und Bedürfnisse spezieller Mitarbeitergruppen zu erfassen, z. B. Frauen oder höhere Führungskräfte, damit Verletzungen des psychologischen Vertrags vorgebeugt werden kann.

3. Möglichkeiten für die Verhandlung und Anpassung von Vertragsinhalten

Überprüfung der Sichtweisen

Damit durch den psychologischen Vertrag eine gute Beschäftigungsbeziehung geschaffen und erhalten werden kann, ist es wichtig, dass nicht nur unternehmensseitige Erwartungen und Angebote stringent formuliert werden, sondern dass auch die Mitarbeitenden ihre Erwartungen und Angebote äußern können. Indem wechselseitig die Erwartungen und Angebote benannt werden, können unmittelbar Nichtpassungen und Missverständnisse erkannt und Maßnahmen daraus abgeleitet werden. Solche Überprüfungen der verschiedenen Sichten auf den psychologischen Vertrag sollten kontinuierlich durch alle Stadien der Beschäftigungsbeziehung hindurch vorgenommen werden, angefangen bei Einstellungsgesprächen und alltäglicher Führungspraxis bis hin zu größeren organisationalen Veränderungen und der Beendigung des Arbeitsverhältnisses. Der Umgang mit enttäuschten Erwartungen oder unerwünschten Angeboten der Mitarbeitenden ist nicht einfach und kann spezielles Training für Führungskräfte und Mitglieder der Personalabteilung erfordern.

Bei PHARMA werden dieselben Prozesse und Instrumente genutzt, die bereits unter Punkt 2 beschrieben wurden, um gegenseitige Erwartungen und Angebote zu formulieren, zu diskutieren und nötigenfalls anzupassen. Eine konkrete Maßnahme, die aus der gezielten Befragung zu enttäuschten Erwartungen speziell in Russland und China abgeleitet wurde, war der Aufbau von Trainingszentren für die Führungsausbildung von Mitarbeitenden in diesen beiden Ländern.

4. Unternehmensseitige Verhandlungspartner mit klaren Kompetenzen

Verhandlungspartner sind Vorgesetzte und Personalabteilung

Die Unternehmensseite des psychologischen Vertrags wird durch viele verschiedene Personen und unternehmensinterne Stellen vertreten. Es gibt formale Unternehmensmitteilungen, Dokumente zur Personal- und Führungspolitik, interne Kommunikationsgefäße wie Mitarbeiterzeitungen und Intranet sowie persönliche Kontakte mit Mitgliedern des Managements und der Personabteilung und den direkten Vorgesetzten. Über alle diese Kanäle werden Informationen vermittelt, die für den psychologischen Vertrag relevant sind. Für Mitarbeitende ist es wichtig zu wissen, inwieweit und von wem über welche dieser Kanäle Einfluss auf den psychologischen Vertrag genommen werden kann. Meist werden direkte Ansprechpartner für sie sowohl der direkte Vorgesetzte als auch die Personalabteilung sein. Wenn in entsprechenden Kontakten Veränderungen in Angeboten und Erwartungen vereinbart werden, ist es notwendig, dass sich die Mitarbeitenden auf diese Vereinbarungen verlassen können. Dies setzt voraus, dass die entsprechenden Personen genügend Entscheidungsmacht haben, damit tragfähige Vereinbarungen getroffen werden können. Damit einher geht aber auch die grundlegende Frage, wie viel individuelle Anpassungen in psychologischen Verträgen im Unternehmen generell als zulässig angesehen werden.

Bei PHARMA wird allen Mitarbeitenden vermittelt, dass sie bei Fragen und Problemen in ihrer Beziehung zu PHARMA in erster Linie ihre direkten Vorgesetzten und in zweiter Linie die Personalabteilung kontaktieren sollten. Allerdings kann bei Sachverhalten, die direkt die Beziehung mit dem Vorgesetzten tangieren, auch sofort die Personalabteilung angesprochen werden. Bezüglich der Reflexion und Anpassung des psychologischen Vertrags gibt es allerdings keine spezifischen Instrumente über den allgemeinen Prozess des Performance Management hinaus.

5. Gestaltung psychologischer Verträge als Teil des Anreizsystems für Vorgesetzte

Belohnung durch Anreize

Die Passung von unternehmens- und mitarbeiterseitigen Erwartungen und Angeboten ist wesentlich für eine gute Beschäftigungsbeziehung. Um dies zu erreichen, sollten alle beschriebenen Maßnahmen und Instrumente systematisch umgesetzt und genutzt werden. Dies erfordert besondere Anstrengungen für eine frühzeitige und offene Kommunikation und den konstruktiven Umgang mit Konflikten. Diese Anstrengungen sollten im Rahmen der bestehenden Anreizsysteme für die verschiedenen Rollen und Funktionen auch belohnt werden.

Bei PHARMA bestehen keine besonderen Instrumente für die Belohnung von Verhaltensweisen, die zu gut gestalteten psychologischen Verträgen führen. Allerdings wird generell Führungsverhalten gefordert und auch bewertet und belohnt, das durch offene Kommunikation, Sensibilität gegenüber impliziten Botschaften und weitestmögliche Reduktion von Unsicherheit gekennzeichnet ist. Dies sind sicherlich Verhaltensweisen, die auch bei der Gestaltung tragfähiger psychologischer Verträge eine wichtige Rolle spielen.

6. Instrumente für die kontinuierliche Beobachtung von Passung und Veränderung von Vertragsinhalten

Kontinuierliche Anpassung

Besonders in Umbruchsituationen und allgemeiner in unsicheren Zeiten für Unternehmen und Mitarbeitende besteht die Gefahr, dass an vermeintlichen Versprechen festgehalten wird, statt offen die Beschäftigungsbeziehung einer Neubewertung zu unterziehen. Die kontinuierliche Beobachtung der Verhaltensweisen und Kommunikation aller Betroffenen hinsichtlich expliziter und impliziter Botschaften zum psychologischen Vertrag kann helfen, diese Gefahr zu verringern. Auch in „normalen" Zeiten ist eine solche Beobachtung nützlich, da inkonsistente oder nur oberflächlich koordinierte Kommunikation jederzeit erfolgen und Missverständnisse im psychologischen Vertrag erzeugen kann.

Bei PHARMA gibt es keinen formalen Prozess, um Kommunikation hinsichtlich des psychologischen Vertrags und der zugrunde liegenden EVP kontinuierlich zu beobachten. Allerdings werden allgemeinere Werthaltungen im Unternehmen und bei verschiedenen Mitarbeitergruppen immer wieder diskutiert, was zum Beispiel dazu geführt hat, dass derzeit eine mögliche Neuformulierung der EVP im Hinblick auf die Erwartungen jüngerer Mitarbeitender in Erwägung gezogen wird.

6 Weiterführende Literatur

Die folgenden Bücher geben einen vertieften konzeptionellen wie empirischen Einblick in Beschäftigungsbeziehungen und die Gestaltung psychologischer Verträge. Leider ist keine vergleichbare deutschsprachige Literatur vorhanden.

Conway, N. & Briner, R. B. (2005). Understanding psychological contracts at work. A critical evaluation of theory and research. Oxford: Oxford University Press.

Coyle-Shapiro, J., Taylor, M. S. & Tetrick, L. E. (Eds.). (2005). *The employment relationship. Examining psychological and contextual perspectives*. Oxford: Oxford University Press.

Guest, D., Isaksson, K. & De Witte, H. (Eds.). (2010). *Employment contracts, psychological contracts, and employee well-being*. Oxford: Oxford University Press.

7 Literatur

Bass, B. M. (1990). From transactional to transformational leadership: Learning to share the vision. *Organizational Dynamics, 18,* 19–31.

Becke, G. (2008). *Soziale Erwartungsstrukturen in Unternehmen. Zur psychosozialen Dynamik von Gegenseitigkeit im Organisationswandel.* Berlin: Edition Sigma.

Bellou, V. (2008). Exploring civic virtue and turnover intention during organizational changes. *Journal of Business Research, 61,* 778–789.

Boonstra, J. J. & Bennebroek Gravenhorst, K. M. (1998). Power dynamics and organizational change: a comparison of perspectives. *European Journal of Work and Organizational Psychology, 7,* 97–120.

Bordia, P., Restubog, S. L. D. & Tang, R. L. (2008). When employees strike back: investigating mediating mechanisms between psychological contract breach and workplace deviance. *Journal of Applied Psychology, 93,* 1104–1117.

Briscoe, J. P., Hall, D. T. & DeMuth, R. L. F. (2006). Protean and boundaryless careers: An empirical exploration. *Journal of Vocational Behavior, 69,* 30–47.

Bruggemann, A. (1976). Zur empirischen Untersuchung verschiedener Formen von Arbeitszufriedenheit. *Zeitschrift für Arbeitswissenschaft, 30,* 71–75.

Bruggemann, A., Groskurth, P. & Ulich, E. (1975). *Arbeitszufriedenheit.* Bern: Huber.

Cavanaugh, M. A. & Noe, R. A. (1999). Antecedents and consequences of relational components of the new psychological contract. *Journal of Organizational Behavior, 20,* 323–340.

Chen, Z. X., Tsui, A. S. & Zhong, L. (2008). Reactions to psychological contract breach: a dual perspective. *Journal of Organizational Behavior, 29,* 527–548.

Colquitt, J. A. (2001). On the dimensionality of organizational justice: a construct validation of a measure. *Journal of Applied Psychology, 86,* 386–400.

Conway, E. & Monks, K. (2008). HR practices and commitment to change: an employee-level analysis. *Human Resource Management Journal, 18,* 72–89.

Conway, N. & Briner, R. B. (2002). A daily diary study of affective responses to psychological contract breach and exceeded promises. *Journal of Organizational Behavior, 23,* 287–302.

Conway, N. & Briner, R. B. (2005). *Understanding psychological contracts at work. A critical evaluation of theory and research.* Oxford: Oxford University Press.

Coyle-Shapiro, J. (2002). A psychological contract perspective on organizational citizenship behavior. *Journal of Organizational Behavior, 23,* 927–946.

Coyle-Shapiro, J. & Conway, N. (2004). The employment relationship through the lens of social exchange. In J. Coyle-Shapiro, L. M. Shore, M. S. Taylor & L. E. Tetrick (Eds.), *The employment relationship: Examining psychological and contextual perspectives* (pp. 5–28). Oxford: Oxford University Press.

Coyle-Shapiro, J. & Conway, N. (2005). Exchange relationships: examining psychological contracts and perceived organizational support. *Journal of Applied Psychology, 90,* 774–781.

Coyle-Shapiro, J. & Kessler, I. (2000). Consequences of the psychological contract for the employment relationship: a large scale survey. *Journal of Management Studies, 37,* 903–930.

Coyle-Shapiro, J. & Kessler, I. (2003). The employment relationship in the UK public sector: A psychological contract perspective. *Journal of Public Administration Research and Theory, 13,* 213–230.

Dabos, G.E. & Rousseau, D.M. (2004). Mutuality and reciprocity in the psychological contracts of employees and employers. *Journal of Applied Psychology, 89,* 52–72.
De Jong, J., Schalk, R. & De Cuyper, N. (2009). Balanced versus unbalanced psychological contracts in temporary and permanent employment: Associations with employee attitudes. *Management and Organization Review, 5,* 329–351.
De Vos, A., Buyens, D. & Schalk, R. (2003). Psychological contract development during organizational socialization: Adaptation to reality and the role of reciprocity. *Journal of Organizational Behavior, 24,* 537–559.
De Vos, A., Buyens, D. & Schalk, R. (2005). Making sense of a new employment relationship: Psychological contract-related information seeking and the role of work values and locus of control. *International Journal of Selection and Assessment, 13,* 41–52.
De Vos, A. & Meganck, A. (2009). What HR managers do versus what employees value. Exploring both parties' view on retention management from a psychological contract perspective. *Personnel Review, 38,* 45–60.
Deery, S.J., Iverson, R.D. & Walsh, J.T. (2006). Toward a better understanding of psychological contract breach: A study of customer service employees. *Journal of Applied Psychology, 91,* 166–175.
Dick, P. (2006). The psychological contract and the transition from full to part-time police work. *Journal of Organizational Behavior, 27,* 37–58.
Dulac, T., Coyle-Shapiro, J.A.-M., Henderson, D.J. & Wayne, S.J. (2008). Not all responses to breach are the same: The interconnection of social exchange and psychological contract processes in organizations. *Academy of Management Journal, 51,* 1079–1098.
Felfe, J. (2009). *Mitarbeiterführung*. Göttingen: Hogrefe.
Fiege, R., Muck, P. & Schuler, H. (2006). Mitarbeitergespräche. In H. Schuler (Hrsg.), *Lehrbuch der Personalpsychologie* (S. 471–522). Göttingen: Hogrefe.
Folger, R. (2004). Justice and employment: Moral retribution as a contra-subjugation tendency. In J. Coyle-Shapiro, L.M. Shore, M.S. Taylor & L.E. Tetrick (Eds.), *The employment relationship: Examining psychological and contextual perspectives* (pp. 29–47). Oxford: Oxford University Press.
Gakovic, A. & Tetrick, L.E. (2003). Perceived organizational support and work status: a comparison of the employment relationships of part-time and full-time employees attending university classes. *Journal of Organizational Behavior, 24,* 649–666.
Gerber, M., Wittekind, A., Grote, G., Conway, N. & Guest, D. (2009). Generalizability of career orientations: a comparative study in Switzerland and Great Britain. *Journal of Occupational and Organizational Psychology, 82,* 779–801.
Gerber, M., Wittekind, A., Grote, G. & Staffelbach, B. (2009). Exploring types of career orientation: A latent class analysis approach. *Journal of Vocational Behavior, 75,* 303–318.
Graen, G.B. & Uhl-Bien, M. (1995). Relationship-based approach to leadership: Development of leader-member exchange (LMX) theory of leadership over 25 years: Applying a multi-level multi-domain perspective. *Leadership Quarterly, 6,* 219–247.
Grote, G. (2007). Mitarbeiterzufriedenheit ist keine Garantie für Leistung – Motivation aus tragfähigen psychologischen Verträgen. In A. Jäggi & V. Egli (Hrsg.), *Interne Kommunikation in der Praxis* (S. 43–56). Zürich: Verlag Neue Zürcher Zeitung.
Grote, G. & Raeder, S. (2003). *Berufliche Identität in Wechselwirkung mit den Anforderungen von Arbeitsflexibilisierung und kontinuierlicher Bildung: Schlussbericht zum Projekt 3043-57298 im Rahmen des Nationalen Forschungsprogrammes NFP 43 „Bildung und Beschäftigung"*. Zürich: Institut für Arbeitspsychologie der ETH Zürich.

Grote, G. & Staffelbach, B. (Hrsg.). (2006). *Schweizer HR-Barometer 2006: Psychologischer Vertrag und Karriereorientierung*. Zürich: NZZ Verlag.

Grote, G. & Staffelbach, B. (Hrsg.). (2007). *Schweizer HR-Barometer 2007: Psychologischer Vertrag und Arbeitsplatz(un)sicherheit*. Zürich: NZZ Verlag.

Grote, G. & Staffelbach, B. (Hrsg.). (2008). *Schweizer HR-Barometer 2008: Lohnzufriedenheit und psychologischer Vertrag*. Zürich: NZZ Verlag.

Grote, G. & Staffelbach, B. (Hrsg.). (2009). *Schweizer HR-Barometer 2009: Mobilität und Arbeitgeberattraktivität*. Zürich: NZZ Verlag.

Grote, G. & Staffelbach, B. (Hrsg.). (2010). *Schweizer HR-Barometer 2010: Arbeitsflexibilität und Familie*. Zürich: NZZ Verlag.

Grote, G. & Staffelbach, B. (Hrsg.). (2011). *Schweizer HR-Barometer 2011: Vertrauen und Unsicherheit*. Zürich: NZZ Verlag.

Grote, G., Staffelbach, B., Gerber, M., Tschopp, C. & Brüschweiler, A. (2009). Der Schweizer Human-Relations-Barometer. In G. Ochsenbein, U. Pekruhl & C. Lack (Hrsg.), *Human Resource Management-Jahrbuch 2009* (S. 31–66). Zürich: WEKA Verlag.

Guest, D. & Conway, N. (2002). Communicating the psychological contract: an employer perspective. *Human Resource Management Journal, 12* (2), 22–38.

Guest, D. & Conway, N. (2004). *Employee well-being and the psychological contract*. London: CIPD.

Hauff, S. (2007). Flexibilisierung von Beschäftigung und die Erosion psychologischer Verträge aus Sicht der ArbeitnehmerInnen. *Arbeit – Zeitschrift für Arbeitsforschung, Arbeitsgestaltung und Arbeitspolitik, 16,* 36–53.

Herbst, D. (2003). *Praxishandbuch Unternehmenskommunikation*. Berlin: Cornelsen.

Ho, V.T. & Levesque, L.L. (2005). With a little help from my friends (and substitutes): Social referents and influence in psychological contract fulfillment. *Organization Science, 16,* 275–289.

Hornung, S., Rousseau, D.M. & Glaser, J. (2009). Why supervisors make idiosyncratic deals: antecedents and outcomes of i-deals from a managerial perspective. *Journal of Managerial Psychology, 24,* 738–764.

Hossiep, R., Bittner, J.E. & Berndt, W. (2008). *Mitarbeitergespräche – motivierend, wirksam, nachhaltig*. Göttingen: Hogrefe.

Isaksson, K., De Cuyper, N., Bernhard-Oettel, C. & De Witte, H. (2010). The role of the formal employment contract in the range and fulfilment of the psychological contract. Testing a layered model. *European Journal of Work and Organizational Psychology, 19,* 696–710.

Janssen, D. (2007). Methodische Vermittlung von Unternehmenswerten: Storytelling bei Bühler, Uzwil. In A.J.V. Egli (Hrsg.), *Interne Kommunikation in der Praxis* (S. 125–138). Zürich: Verlag Neue Zürcher Zeitung.

Janssens, M., Sels, L. & Van den Brande, I. (2003). Multiple types of psychological contracts: A six-cluster solution. *Human Relations, 56,* 1349–1378.

Jensen, J.M., Opland, R.A. & Ryan, A.M. (2010). Psychological contracts and counterproductive work behaviors: Employee responses to transactional and relational breach. *Journal of Business and Psychology, 25,* 555–568.

Johnson, J.L. & O'Leary-Kelly, A.M. (2003). The effects of psychological contract breach and organizational cynicism: not all social exchange violations are created equal. *Journal of Organizational Behavior, 24,* 627–647.

Kets de Vries, M. & Balasz, K. (1997). The downside of downsizing. *Human Relations, 50,* 11–50.

Kickul, J.R., Lester, S.W. & Finkl, J. (2002). Promise breaking during radical organizational change: do justice interventions make a difference? *Journal of Organizational Behavior, 23,* 469–488.
Kirpal, S. & Biele Mefebue, A. (2007). *Ich habe einen sicheren Arbeitsplatz, aber keinen Job. Veränderung psychologischer Arbeitsverträge unter Bedingung von Arbeitsmarktflexibilisierung und organisationaler Transformation* (ITB-Forschungsberichte 25/2007). Bremen: Universität Bremen.
Korsgaard, M.A., Sapienza, H.J. & Schweiger, D.M. (2002). Beaten before begun: the role of procedural justice in planning change. *Journal of Management, 28,* 497–516.
Kotter, J.P. (1973). The psychological contract: managing the joining up process. *California Management Review, 15,* 91–99.
Lambert, L.S., Edwards, J.R. & Cable, D.M. (2003). Breach and fulfillment of the psychological contract. A comparison of traditional and expanded views. *Personnel Psychology, 56,* 895–934.
Larwood, L., Wright, T.A., Desrochers, S. & Dahir, V. (1998). Extending latent role and psychological contract theories to predict intent to turnover and politics in business organizations. *Group & Organization Management, 23,* 100–123.
Lester, S.W., Turnley, W.H., Bloodgood, J.M. & Bolino, M.C. (2002). Not seeing eye to eye: differences in supervisor and subordinate perceptions of and attributes for psychological contract breach. *Journal of Organizational Behavior, 23,* 39–56.
Levinson, H., Price, C.R., Munden, K.J., Mandl, H.J. & Solley, C.M. (1962). *Men, Management, and Mental Health.* Cambridge, MA: Harvard University Press.
Liden, R.C. & Graen, G. (1980). Generalizability of the vertical dyad linkage model of leadership. *Academy of Management Journal, 23,* 451–465.
Lo, S. & Aryee, S. (2003). Psychological contract breach in a Chinese context: an integrative approach. *Journal of Management Studies, 40,* 1005–1020.
Lombriser, R. & Uepping, H. (Hrsg.). (2001). *Employability statt Jobsicherheit. Personalmanagement für eine neue Partnerschaft zwischen Unternehmen und Mitarbeitern.* Neuwied: Luchterhand.
Lüdi, M. & Lomot, B. (1999). Arbeitsmarktfähigkeit anstelle von Arbeitsplatzsicherheit. *Persorama, 23* (1), 24–27.
Macneil, I.R. (1978). Contracts: adjustment of long-term economic relations under classical, neoclassical, and relational contract law. *Northwestern University Law Review, 72,* 854–905.
Marcus, B. & Schuler, H. (2006). Leistungsbeurteilung. In H. Schuler (Hrsg.), *Lehrbuch der Personalpsychologie* (S. 433–469). Göttingen: Hogrefe.
Martens, E. & Müller, M. (1996). Die mageren Jahre (2): Wie Mitarbeiter der Deutschen Bank Stellenabbau und Rationalisierung erleben. *Die Zeit.* Zugriff am 28.07.2011 http://www.zeit.de/1996/39/deutbank.txt.19960920.xml.
McLean Parks, J., Kidder, D.L. & Gallagher, D.G. (1998). Fitting square pegs into round holes: mapping the domain of contingent work arrangements onto the psychological contract. *Journal of Organizational Behavior, 19,* 697–730.
Meier, P. (2002). *Interne Kommunikation im Unternehmen Mitarbeiterkommunikation – Von der Hauszeitung bis zum Intranet.* Zürich: Orell Füssli Verlag.
Millward, L.J. & Brewerton, P.M. (1999). Contractors and their psychological contract. *British Journal of Management, 10,* 253–274.
Millward, L.J. & Cropley, M. (2003). Psychological contracting: processes of contract formation during interviews between nannies and their ‚employers'. *Journal of Occupational and Organizational Psychology, 76,* 213–241.

Millward, L.J. & Hopkins, L.J. (1998). Psychological contracts, organizational and job commitment. *Journal of Applied Social Psychology, 28,* 1530–1556.
Morrison, E.W. & Robinson, S.L. (1997). When employees feel betrayed: a model of how psychological contract violation develops. *Academy of Management Review, 22,* 226–256.
Ng, T.W.H. & Feldman, D.C. (2008). Can you get a better deal elsewhere? The effects of psychological contract replicability on organizational commitment over time. *Journal of Vocational Behavior, 73,* 268–277.
Ng, T.W.H., Feldman, D.C. & Lam, S.S.K. (2010). Psychological contract breaches, organizational commitment, and innovation-related behaviors: a latent growth modeling approach. *Journal of Applied Psychology, 95,* 744–751.
Orvis, K.A., Dudley, N.M. & Cortina, J.M. (2008). Conscientiousness and reactions to psychological contract breach: a longitudinal field study. *Journal of Applied Psychology, 93,* 1183–1193.
Parzefall, M.-R. & Hakanen, J. (2010). Psychological contract and its motivational and health-enhancing properties. *Journal of Managerial Psychology, 25,* 4–21.
Pfeffer, J. (1998). *The human equation: building profits by putting people first.* Boston: Harvard Business School Press.
Pierer, H.v. (1999). Qualifizierung als Schlüsselfaktor für den Arbeitsmarkt. *Politische Studien, 50* (Sonderheft 2), 65–71.
Pongratz, H.J. & Voss, G.G. (2003). *Arbeitskraftunternehmer. Erwerbsorientierungen in entgrenzten Arbeitsformen.* Berlin: Edition Sigma.
Pugh, S.D., Skarlicki, D.P. & Passell, B.S. (2003). After the fall: Layoff victims' trust and cynicism in re-employment. *Journal of Occupational and Organizational Psychology, 76,* 201–212.
Raeder, S. & Grote, G. (2001). Flexibilität ersetzt Kontinuität. Veränderte psychologische Kontrakte und neue Formen persönlicher Identität. *Arbeit – Zeitschrift für Arbeitsforschung, Arbeitsgestaltung und Arbeitspolitik, 10,* 352–364.
Raeder, S. & Grote, G. (2004). Fairness als Voraussetzung für die Tragfähigkeit psychologischer Verträge. In G. Schreyögg, P. Conrad & J. Sydow (Hrsg.), *Managementforschung, Band 14. Gerechtigkeit und Management* (S. 139–174). Wiesbaden: Gabler.
Raeder, S., Wittekind, A., Inauen, A. & Grote, G. (2009). Testing a Psychological Contract Measure in a Swiss employment context. *Swiss Journal of Psychology, 68,* 177–188.
Raja, U., Johns, G. & Ntalanis, F. (2004). The impact of personality on psychological contracts. *Academy of Management Journal, 47,* 350–367.
Reilly, P.A. (1998). Balancing flexibility – meeting the interests of employer and employee. *European Journal of Work and Organizational Psychology, 7,* 7–22.
Restubog, S.L.D. & Bordia, P. (2006). Workplace familism and psychological contract breach in the Philippines. *Applied Psychology – an International Review, Psychologie Appliquee – Revue Internationale, 55,* 563–585.
Restubog, S.L.D., Bordia, P., Krebs, S.A. & Tang, R.L. (2005). The role of leader-member exchange in the psychological contract breach – subordinates' performance relationship. In K.M. Weaver (Ed.), *Best Paper Proceedings of the Academy of Management Annual Conference* (CD-ROM, ISSN 1543–8643).
Restubog, S.L.D., Bordia, P. & Tang, R.L. (2006). Effects of psychological contract breach on performance of IT employees: The mediating role of affective commitment. *Journal of Occupational and Organizational Psychology, 79,* 299–306.
Richard, O.C., McMillan-Capehart, A., Bhuian, S.N. & Taylor, E.C. (2009). Antecedents and consequences of psychological contracts: Does organizational culture really matter? *Journal of Business Research, 62,* 818–825.

Rigotti, T. (2009). Der Psychologische Vertrag und seine Relevanz für die Gesundheit von Beschäftigten. In B. Badura, H. Schröder, J. Klose & K. Macco (Hrsg.), *Fehlzeiten-Report 2009. Schwerpunkt: Arbeit und Psyche: Belastungen reduzieren – Wohlbefinden fördern* (S. 157–165). Berlin: Springer.

Rigotti, T. & Mohr, G. (2006). Trau – Schau – Wem? Vertrauen in die Organisation als salutogenetischer Katalysator. *Wirtschaftspsychologie, 8,* 22–29.

Robinson, S.L. (1996). Trust and breach of the psychological contract. *Administrative Science Quarterly, 41,* 574–599.

Robinson, S.L., Kraatz, M.S. & Rousseau, D.M. (1994). Changing obligations and the psychological contract: a longitudinal study. *Academy of Management Journal, 37,* 137–152.

Robinson, S.L. & Morrison, E.W. (2000). The development of psychological contract breach and violation: a longitudinal study. *Journal of Organizational Behavior, 21,* 525–546.

Robinson, S.L. & Rousseau, D.M. (1994). Violating the psychological contract: not the exception but the norm. *Journal of Organizational Behavior, 15,* 245–259.

Roehling, M.V. (1997). The origins and early development of the psychological contract construct. *Journal of Management History, 3,* 204–217.

Rosenstiel, L.v. (2003). *Grundlagen der Organisationspsychologie* (5. Aufl.). Stuttgart: Schäffer Poeschel.

Rousseau, D.M. (1989). Psychological and implied contracts in organizations. *Employee Responsibilities and Rights Journal, 2,* 121–139.

Rousseau, D.M. (1995). *Psychological contracts in organizations. Understanding written and unwritten agreements.* Thousand Oaks: Sage.

Rousseau, D.M. & Tijoriwala, S.A. (1999). What's a good reason to change? Motivated reasoning and social accounts in promoting organizational change. *Journal of Applied Psychology, 84,* 514–528.

Schein, E.H. (1970). *Organizational Psychology.* Englewood Cliffs, NJ: Prentice-Hall.

Schein, E.H. (1990). *Career Anchors (discovering your real values).* San Francisco: Jossey-Bass.

Schmidt, K.-H. & Kleinbeck, U. (2006). *Führen mit Zielvereinbarung.* Göttingen: Hogrefe.

Scholarios, D., Van der Heijden, B.I.J.M., Van der Schoot, E., Bozionelos, N., Epitropaki, O., Jedrzejowicz, P., Knauth, P., Marzec, I., Mikkelsen, A. & Van der Heijde, C.M. (2008). Employability and the psychological contract in European ICT sector SMEs. *The International Journal of Human Resource Management, 19,* 1035–1055.

Schyns, B. (2002). Überprüfung einer deutschsprachigen Skala zum Leader-Member-Exchange-Ansatz. *Zeitschrift für Differentielle und Diagnostische Psychologie, 23,* 235–245.

Sels, L., Jansens, M. & van den Brande, I. (2004). Assessing the nature of psychological contracts: a validation of six dimensions. *Journal of Organizational Behavior, 25,* 461–488.

Shore, L.M., Porter, L.W. & Zahra, S.A. (2004). Employer-oriented strategic approaches to the employee-organization relationship. In J. Coyle-Shapiro, L.M. Shore, M.S. Taylor & L.E. Tetrick (Eds.), *The employment relationship: Examining psychological and contextual perspectives* (pp. 135–160). Oxford: Oxford University Press.

Stahlmann, M., Wendt-Kleinberg, W. & Weyrather, I. (2006). Psychologische Verträge und Arbeitsbeziehungen im Downsizing. *Gruppendynamik und Organisationsberatung: Zeitschrift für angewandte Sozialpsychologie, 37,* 255–271.

Sturges, J., Conway, N., Guest, D. & Liefooghe, A. (2005). Managing the career deal: The psychological contract as a framework for understanding career management, organizational commitment and work behavior. *Journal of Organizational Behavior, 26,* 821–838.

Tekleab, A., Takeuchi, R. & Taylor, M. S. (2005). Extending the chain of relationships among organizational justice, social exchange, and employee reactions: the role of contract violations. *Academy of Management Journal, 48,* 146–157.

Tekleab, A. & Taylor, S. (2003). Aren't there two parties in an employment relationship? Antecedents and consequences of organization-employee agreement on contract obligations and violations. *Journal of Organizational Behavior, 24,* 585–608.

Thomas, D. C., Fitzsimmons, S. R., Ravlin, E. C., Au, K. Y., Ekelund, B. Z. & Barzantny, C. (2010). Psychological contracts across cultures. *Organization Studies, 31,* 1437–1459.

TransferPlus AG (2010). *Arbeitszufriedenheit 2010.* Zugriff am 28.07.2011 http://www.transferplus.ch/docs/1281714714-1-2010_Arbeitszufriedenheit.pdf.

Turnley, W. H., Bolino, M. C., Lester, S. W. & Bloodgood, J. M. (2003). The impact of psychological contract fulfillment on the performance of in-role and organizational citizenship behaviors. *Journal of Management, 29,* 187–206.

Turnley, W. H. & Feldman, D. C. (1998). Psychological contract violations during corporate restructuring. *Human Resource Management, 37,* 71–83.

Turnley, W. H. & Feldman, D. C. (1999). The impact of psychological contract violations on exit, voice, loyalty and neglect. *Human Relations, 52,* 895–922.

Uen, J.-f., Chien, M. S. & Yen, Y.-F. (2009). The mediating effects of psychological contracts on the relationship between Human Resource systems and role behaviors: A multilevel analysis. *Journal of Business and Psychology, 24,* 215–223.

van Dick, R. (2004). *Commitment und Identifikation mit Organisationen.* Göttigen: Hogrefe.

van Dyne, L. & Ang, S. (1998). Organizational citizenship behavior of contingent workers in Singapore. *Academy of Management Journal, 41,* 692–703.

Voigt, C. (2007). Employer Branding Konzepte in der Praxis. Mitarbeitende als Botschafter der Werte. In A. Jäggi & V. Egli (Hrsg.), *Interne Kommunikation in der Praxis* (S. 57–68). Zürich: Verlag Neue Zürcher Zeitung.

Wang, H., Law, K. S., Hackett, R. D., Wang, D. & Chen, Z. X. (2005). Leader-member exchange as a mediator of the relationship between transformational leadership and followers' performance and organizational citizenship behavior. *Academy of Management Journal, 48,* 420–432.

Werkmann-Karcher, B. & Rietiker, J. (Hrsg.). (2010). *Angewandte Psychologie für das Human Resources Management.* Heidelberg: Springer.

Wilkens, U. (2004a). Häufige Unternehmsnwechsel hochqualifizierter Arbeitskräfte. Bindungsorientierung von Arbeitskraftunternehmern. In H. J. Pongratz & G. G. Voss (Hrsg.), *Typisch Arbeitskraftunternehmer? Befunde der empirischen Arbeitsforschung* (S. 33–56). Berlin: Edition Sigma.

Wilkens, U. (2004b). *Management von Arbeitskraftunternehmern. Psychologische Vertragsbeziehungen und Perspektiven für die Arbeitskräftepolitik in wissensintensiven Unternehmen.* Wiesbaden: Deutscher Universitäts-Verlag.

Winter, R. & Jackson, B. (2006). State of the psychological contract: Manager and employee perspectives within an Australian credit union. *Employee Relations, 28,* 421–434.

Wittekind, A., Raeder, S. & Grote, G. (2010). A longitudinal study of determinants of perceived employability. *Journal of Organizational Behavior, 31,* 566–586.

Zala-Mezö, E. & Raeder, S. (2007). Gerechtigkeit. In H. Schuler & K. Sonntag (Hrsg.), *Handbuch der Psychologie, Band Arbeits- und Organisationspsychologie* (S. 746–751). Göttingen: Hogrefe.

Zhao, H., Wayne, S.J., Glibkowski, B.C. & Bravo, J. (2007). The impact of psychological contract breach on work-related outcomes: a meta-analysis. *Personnel Psychology, 60,* 647–680.